形、动、色、文、音的相互作用

多媒体设计基础

The Basic of Multimedia Design

金钟琪　王斗斗　著

上海人民美術出版社

“ 东方的造型意识的根本是因为有心，
东方思想来源于从未加工过的人与自然。
希望通过对这本书的学习你能理解和活用
形、动、色、文、音的相互作用
发挥独具个人魅力的丰富创意能力。”

序言

1997年冬天，第一次访问北京时所感受到的文化冲击，让我深深地爱上了中国，事已过12年。1998年我与北京理工大学张乃仁教授和日本九州产业大学纲本义弘教授共同创立的亚洲设计研究中心，成为了我向中国设计界教授们学习中国文化的契机，并与2001年与北京理工大学共同开设了艺术设计硕士教育课程。从2003年与中国上海工程技术大学合作创立中韩合作多媒体设计学院，到2009年7月已培养出了三届中国的多媒体专业毕业的大学生。现在同中国上海音乐学院共同合作设立以及推进数字媒体的艺术学院，同时担任该校的博士指导教授。我在韩国出生，在日本完成学业，现在中国、日本、韩国的大学担任多媒体设计教育工作。

通过关注世界历史，我们可以知道，向来是文化引领政治、经济、社会发展的，且21世纪新文化潮流指向亚洲也是众所周知的事实。现在全世界面临的经济危机像是检讨产业化时代产物——资本主义的变化一样，我想设计教育也到了有必要开始改变产业化时代的教育方法，寻找符合新时代的教育方法的时候了。

多媒体设计教育如果用原有的教学方式会产生一些解决不了的复杂问题。第一，西欧诞生的“多媒体”用语本身无法充分解说现在的多媒体环境；第二，文化艺术和科学技术的教育应当并行；第三，通过与其他文化相融合来扩大学生的求知领域；第四，教育不再是单向教育而是双向教育；第五，比起理性的教育，我们更要开发能挖掘个人最大潜力的感性教育；第六，为了我们的后代深刻地理解文化的起源，现在要开发和延续的不是西式的，而是需要具有东方精神的教育方法。

在本书里为了迎合这种复合型的新观念，我提出了形、动、色、文、音五种要素的教育理念，以便读者理解多媒体设计的基础知识。以知觉现象、感知现象为出发点，协同各要素之间的相互作用为中心，提出了课题。在第一章里，有几何的形、抽象的形、潜在意识中的形、数式的形、自然的形等，重点放在了再发掘形的创造上；第二章，重点放在了对于动的分析和运用上；第三章，强调对于色的理解，通过混色和配色，开发和统一使用；第四章，重点是文字的字义和活用；第五章，通过对于声音的理解，活用造型要素中所要表现的音。

最后，希望学生通过学习和研究这五种要素的相互融合，有助于他们在多媒体设计开发、创作领域发挥更大作用。

金钟琪　王斗斗

2009 年 9 月

目录

概述

什么是多媒体设计基础——形、动、色、文、音的相互作用

多媒体设计是把文字、声音、图像、视频等等多种形态的信息结合在一起，利用各自优势相互作用，作为一个整体来传递信息的媒体设计。传统的媒体设计多以单向传递为主，但多媒体传递方式有着双向即相互作用的特征。其不仅仅是以设计者的理念为中心，更多考虑的是接受者的心理。以前多媒体设计的书籍多以灌输使用技能为主，不考虑学习者和教育者实际的使用情况，是不利于学习发展的。

设计基础教育起源于1919年在德国魏玛（Weimar）建立的包豪斯(Bauhaus)。包豪斯的教育在当时是比较先进的一种教育方式，是理论与实践并重的教育。一方面以课程教学的形式讲述艺术理论，另一方面以手工作坊的形式使受教育者的技能得到提高。但随着时代的发展，特别是在计算机技术普及之后，人们获得信息的渠道更加多元化。当今是通过“五感”交流信息的时代，追求丰富多彩的生活的时代，是后信息时代，是所谓真正意义上的媒体时代。

多媒体设计教育基础正是迎合这样的时代。目前看来，西方的艺术过于功能化和合理化，所以是理性的、尖锐的、机械的。反观东方的艺术则有着感性、温和、自然的特征。所以目前，设计教育应当研究东方的艺术来寻找适当的教育方法。东方造型根基深合自然法则，把自然中的所有变化看作是阴阳两极的相互作用。认为五行的循环不仅是宇宙性的，同时把在人间循环的气结合，看作是阴阳的双重结构，通过它们的相互作用达到协调和均衡。

现在的设计基础造型教育是以点、线、面、质感、色彩、空间等造型要素和造型原理为基础的教育方式。但是数字技术的发展，视频和声音传递信息的重要性以及通信结构的变化，需要基础造型教育做出新的解析。所以，笔者把多媒体设计基本要素分为形、动、色、文、音五种，使学习者能更好地理解各个要素的功能和各要素之间相互作用的协调和均衡。这五种要素是按照信息通信的基本要素和五行的循环原理来选择的，且把重点放在了各要素之间的交互性上。

本书通过对具体的设计个案讲解，使学习者更好地理解这五种要素的作用以及多媒体设计的本质，达到学习者利用这五要素自由创作的目的，而不是拘泥于一种表现方式，从而尽可能地用自己的创新能力创造出优秀的作品。所谓“形”是开发学生潜在创意的形，开发头脑创造能力的形，重新理解自然规律的形；“动”的重点放在了理解传统动的表现和按照计算机演算形成的动；“色”中不仅要理解基础的混色和配色，还要理解数字色彩，“文”中要理解文字的形态和意思，不仅仅是造型，也要跟国家文化要素密不可分；“音”中要理解音乐，目的在于了解图形乐谱，标志音、声音的相互作用。音有着造型要素的重要意义。

最后，形、动、色、文、音的理念和相互作用是由本书首次提出的。期待今后在这一领域有更多样化的研究和发展，同时也期待着以东方艺术为基础的造型理论有更好的艺术造诣。

第一章

形

1. 形和形态
2. 形的要素——点、线、面、质感
3. 形的知觉
4. 潜在意识的形
5. 数式的形
6. 自然的形
7. 形的相互作用

安东尼·高迪 (Antoni Gaudi 1852-1926)
圣家族大教堂 / 西班牙

1. 形和形态

所谓“形”，是不具有意义的平面形象。比如：圆、三角、四角等几何中的形，不具体的抽象的“形”，可在人的脑海里勾勒出的潜在意识的“形”，按照数理勾出的“形”，自然界中存在的“形”，文字或数字的“形”，又或者是听音乐感觉出的“形”，这些都属于“形”的范畴。艺术家们通过绘画、相片、印刷、影像、音乐等形式来创出其自己想表现出的富有创意的“形”。

“形”按照某种目的形象化的时候，我们称为形态。平面上用线画出的形态有立体感，是因为形态能绘出块状和凹凸的效果。观赏人体素描时，我们按照画家用笔的轻重和运用的线条种类，能感觉到人的凹凸感或其想要表达的情感，从而用简单的几个线条就画出了形态。有着特定意义的形也是给予其视觉上的厚度成为立体，或者使色彩明暗对比成为形态。

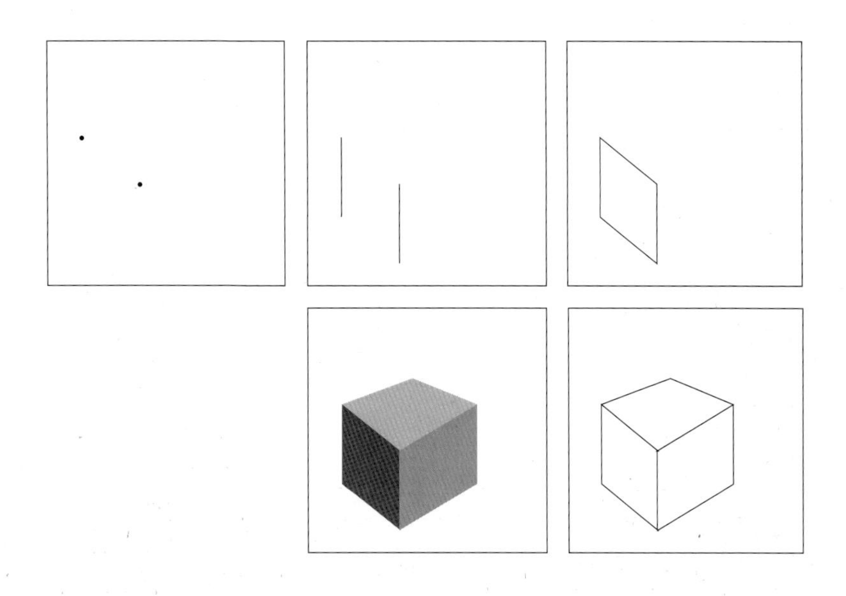

2．形的要素——点、线、面、质感

(1) 点

点是表现事物的最小的单位，有坐标，但是没有大小和面积。点集合成线，线集合成面。点是极小的面，再大的形态也可以缩小成点。点和线的组合可以表现质感，也可以表现形态。印刷物放大，我们就可以看出其是无数个色点的组合而表现出的事物，电脑显示屏也是用点(Pixel)为单位构成的。“形”中的点是表现位置；“动”中的点是表现开始；“色”中的点是表现根源；“文”中的点是表现中止；“音”中的点是表现高低。

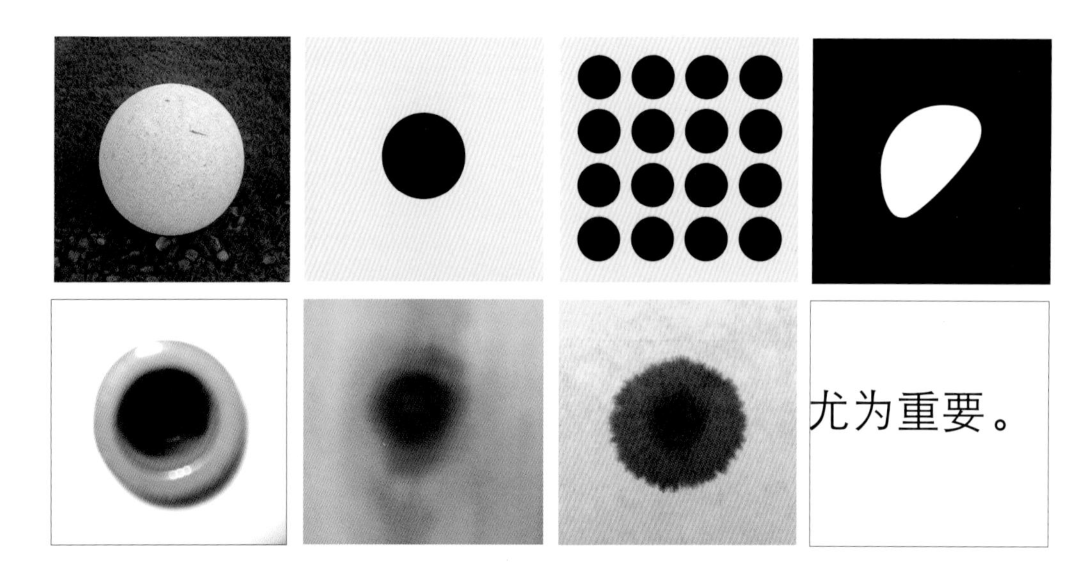

空间里到处存在的点

(2) 线

线是点移动的轨迹。线有长短、位置、方向，但是没有面积，加上宽度和厚度可成为形或形态。线是用铅笔、钢笔、毛笔、鼠标等工具去表现形态的基本要素，大量的直线和曲线集合时可以表现质感。当线移动时便自然生成面或空间，从而可以表现出抽象的情感或性格。

生活中无处不在的线

(3) 面

面具有宽度和长度，是按照轮廓而形成的特定模样的形。面与点、线不同，具有质感和色彩，同时也可以表现出远近感、立体感、空间感来传达出创作者的思想，形成艺术作品。面加上一定的厚度可成为立体，排列的方式可以创造出视觉的空间感，在计算机应用中可以旋转面来形成立体效果。

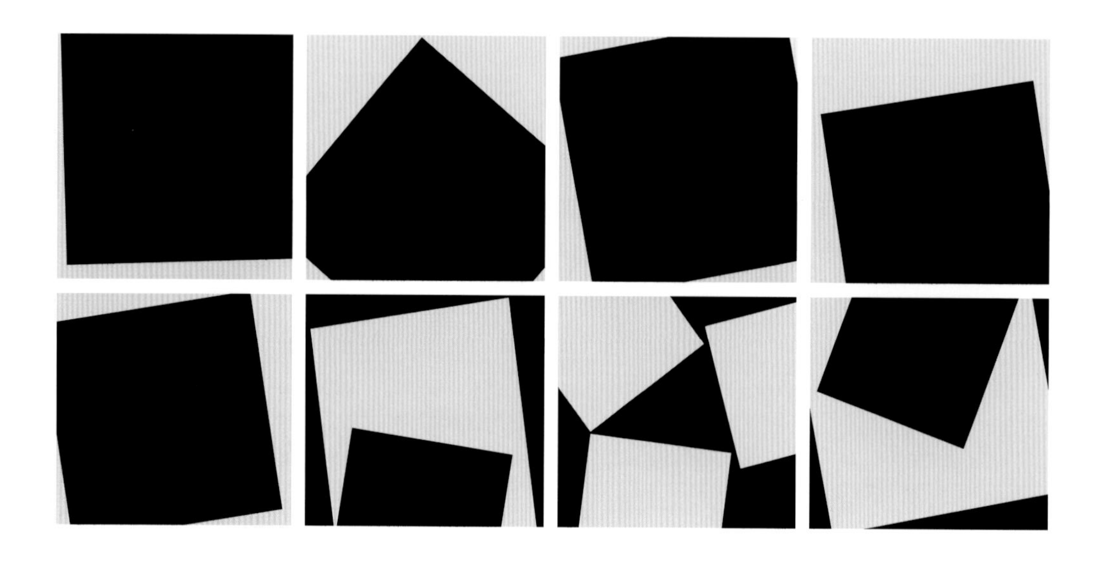

建筑中面的表现

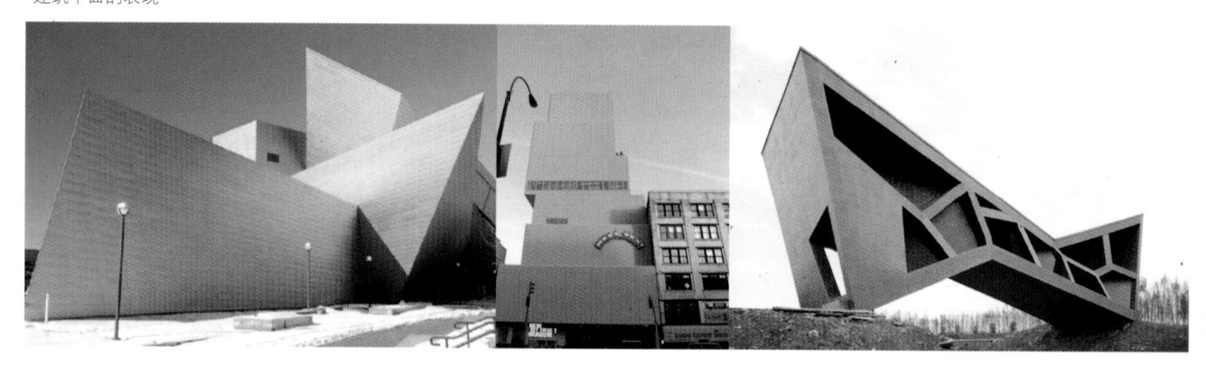

(4) 质感

质感是通过视觉和知觉记忆物体表面的性质，比如粗糙、柔软等可以感知的物体特性。同样形态的物体因质感不同，接触者会产生不同感受。在电脑中称质感为Mapping，创作者可通过摄影拍摄的任何图片作为质感使用。

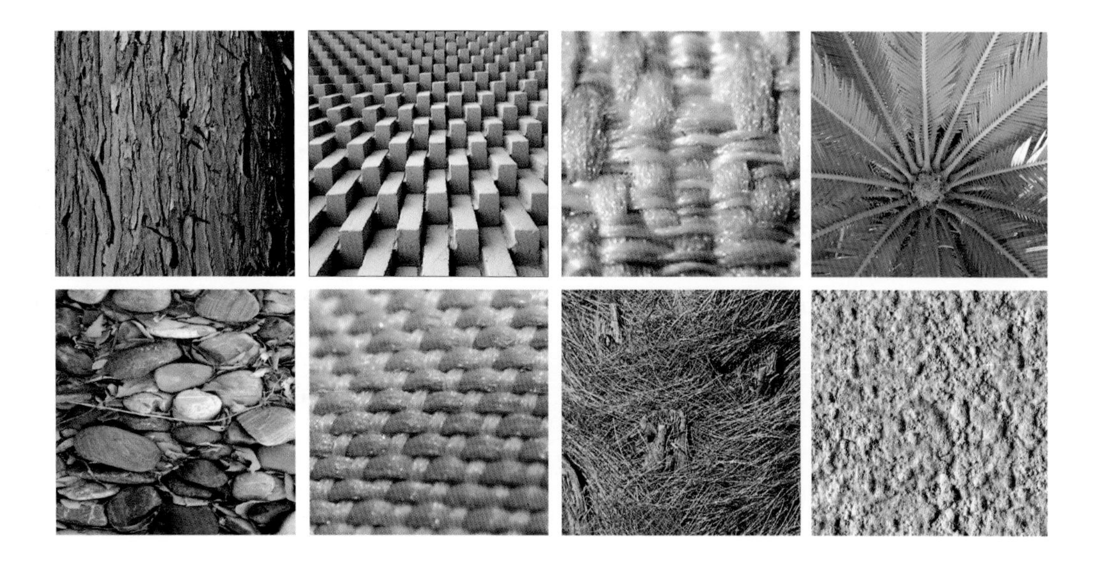

练习主题

形的要素——点、线、面、质感的构成。

练习目的

在理解了形的基本要素基础上，我们运用造型原理来练习画面构成。

练习提示

在给定的画面中完成“黑白构成”，并且要注意点的大小、位置、形，线的粗细、位置、方向，面的形、大小、位置。

质感的表现首先要理解给定的10个素材，制作时要注意画面的构图位置、大小和协调性。

练习步骤

在画面上自由表现点、线、面。

质感需使用提示的10种质感来构成。

练习数量

横15cm、竖15cm的画面上，表现点、线、面、质感各5张。

建议课时 4课时

使用软件 Adobe Illustrator

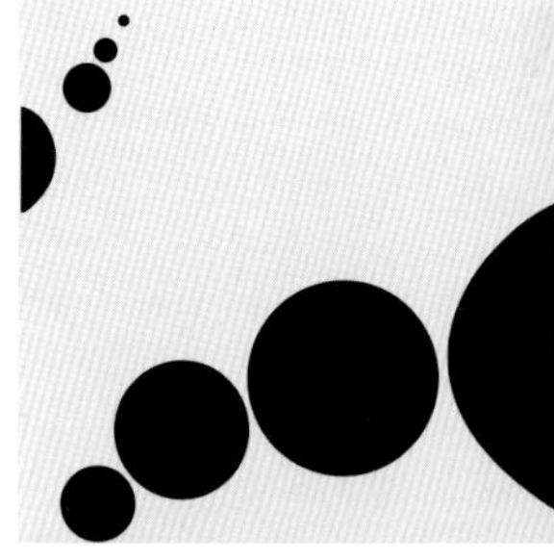

点的构成

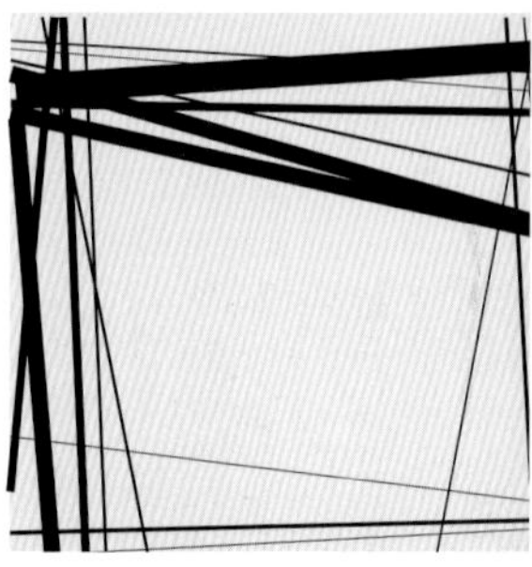

线的构成

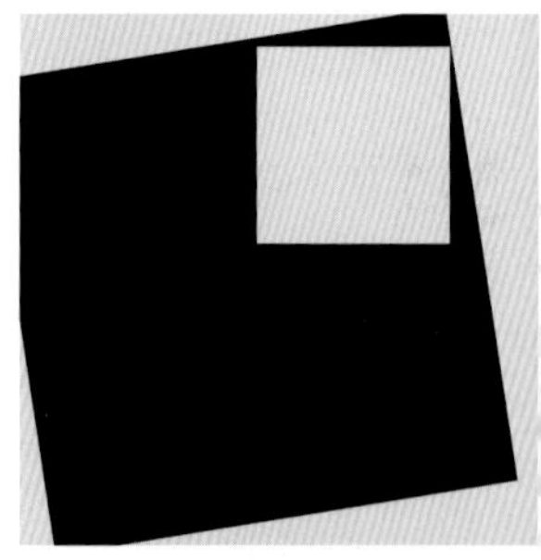

面的构成

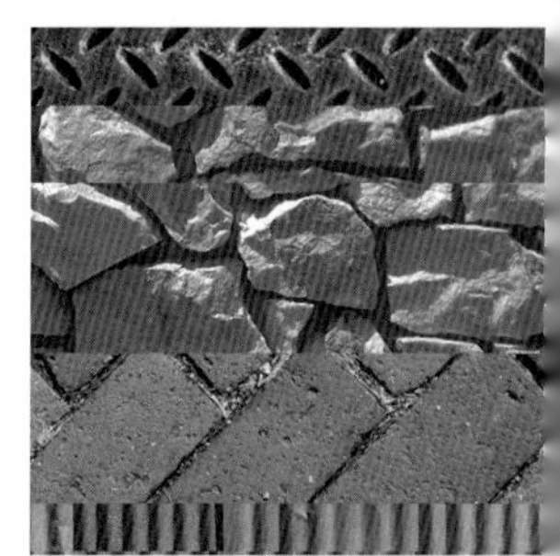

质感的构成

点的构成

Tips

点是造型的基本要素，对于点的解释有很多种。需要注意位置、大小、间距，考虑版面和形态进行配置。空间感、远近感和构图感尤为重要。

线的构成

Tips

线是制作形态的基本。使用线时要注意粗细、方向、角度，粗细可以表现空间感和远近感，垂直、水平、斜线固然重要，但更重要的是曲线的使用。

面的构成

Tips

面会按照背景不同而产生不同效果。当有一定的形态时会识别成面，但是如果形态非常小，会识别为一个点。

质感的对比构成练习

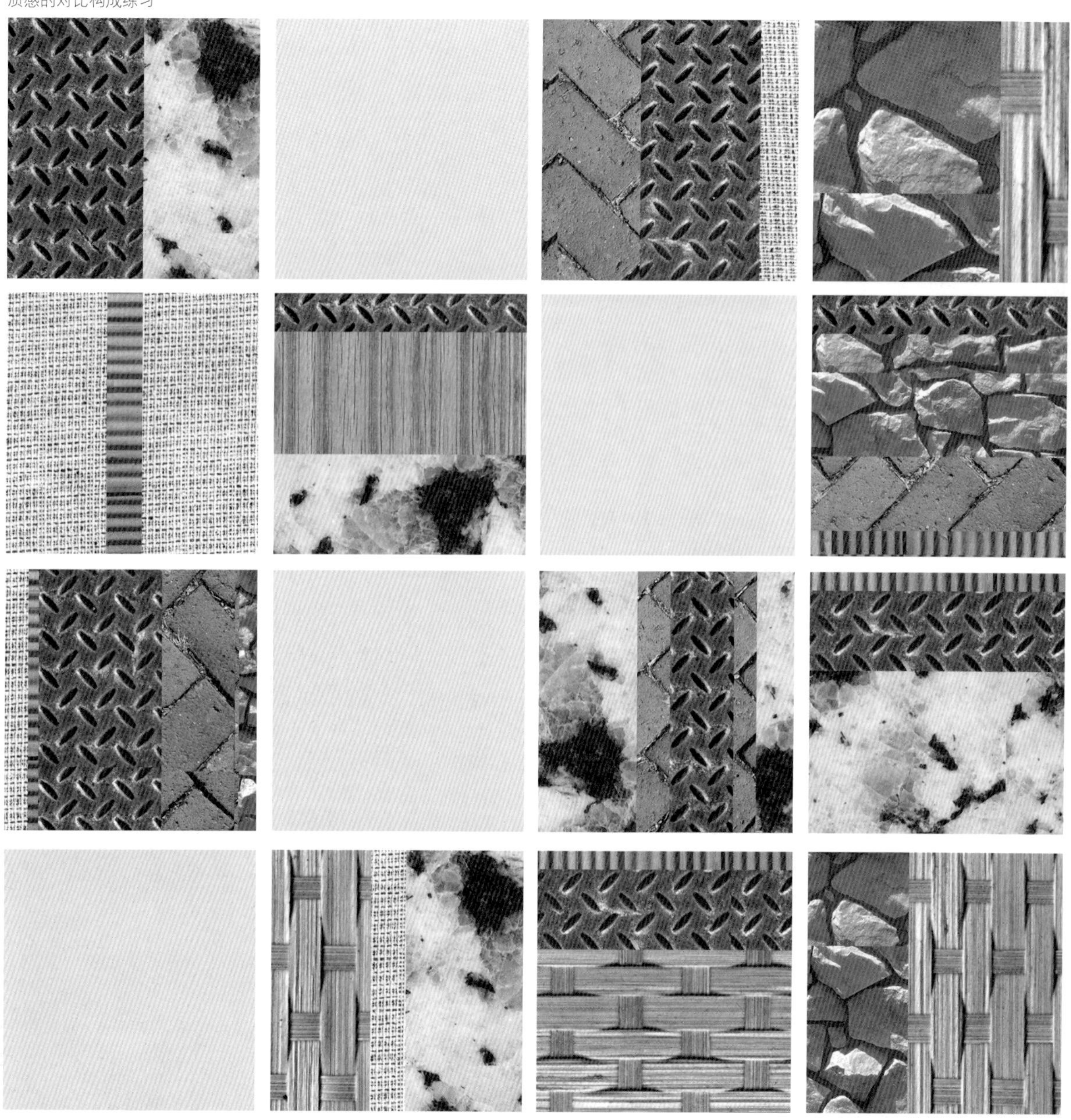

Tips

虽然质感限制在10种，但是可以自行制作使用，制作时要注意面的分割给质感带来的不同结果。应用电脑制作时可以及时修改。

质感的构成

摩里茨·科奈里斯·埃舍尔
(Maurits Cornelis Escher 1843-1939)
瀑布 / 1961

3. 形的知觉

(1) 形的知觉

看事物时，光对网膜的刺激通过视神经传递到大脑，在那里产生整体的认知反应叫做知觉。“形”的知觉产生根据人的具体情况不同表现也多种多样，这一切是受被刺激的程度、经验、生理条件、需求等影响的。埃舍尔是著名的错觉图形大师，对于绘画、版画、计算机图像领域都有重大的贡献。他的作品在心理学、几何学、物理学、化学、地质学、生物学等众多领域的教材里面都有引用，特别是把“不可能的世界”通过高超的绘画技巧立体地表现出来，运用在更多的领域。

(2) 阴阳的反转

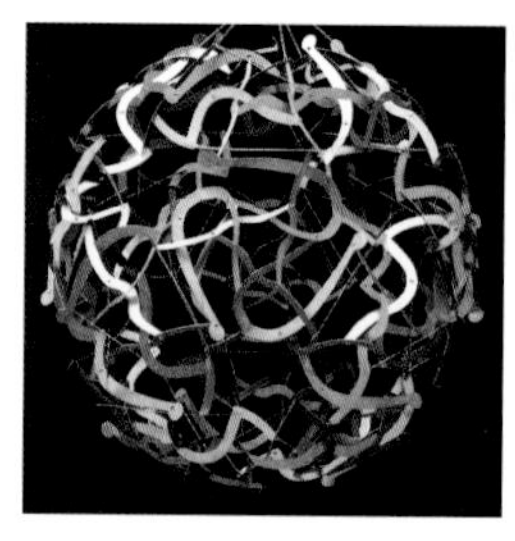

中国著名的思想家老子把自然界所有变化，看成是阴阳两极间的逆转，阴阳的协调称为均衡、反复、成长、变化。造型中的阴阳是指不同的两极要素通过对比成为一体，两极的要素相互转换达到均衡。如果阴是形，那么阳成为背景；相反阳是形，那么背景就是阴，从而达到相互协调。

左/Jos De Meey
中1/Yui Kudo
中2/Walter Wick
右/福田繁雄

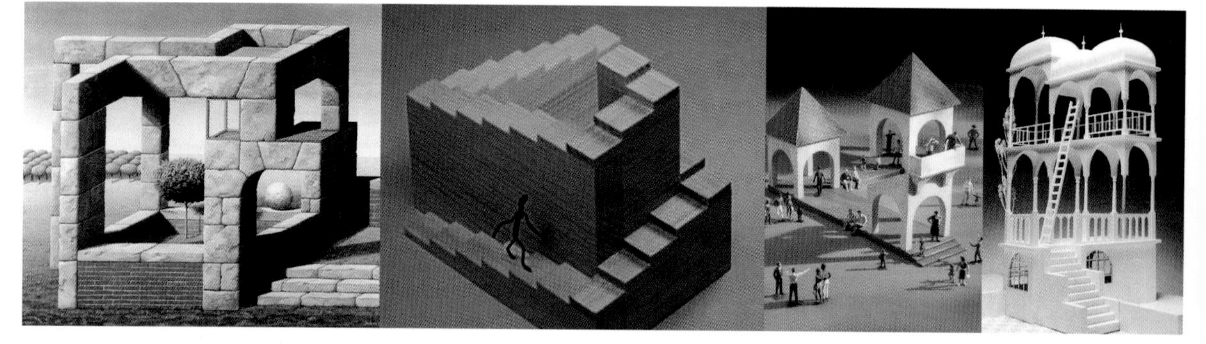

(3) 图底的反转

视觉上无法区分形象和背景的关系称为图底的反转。形象与背景的关系是影响视觉和知觉的重要要素，观者关注的对象角度不一样，其看到的形象和背景自然不同。跟下面的这个图片一样，关注黑色就形成黑色的形，关注白色就形成白色的形。设计者们往往重视形态而忽略背景的情况较多，大家通过图底的反转可以认识并学习到，“背景”也会起到至关重要的作用。

左/Paul Bourke
中/Cario Sequin
右/George Hart

练习主题

形的反转，阴阳 / 图底。

练习目的

通过学习阴阳和图底的相互关系，熟悉材质和图形的作用。

练习提示

通过制定

提示的语言(去/来，画/擦，大/小，快乐/伤心)的意思让学生用图形来创作。需要注意的是相反的语言一定要表现在同一个画面中，需把黑白对比用于语言造型中。

练习步骤

相反语言的意思要用黑白来表现，所以比起详细的说明，反而更需要用单纯形态来构思。画面的区分比起斜线，用垂直或水平线区分更能明确地传达意思。

练习数量

横15cm、竖15cm，黑白1张、彩色1张

建议课时 4课时

使用软件 Adobe Illustrator

去/来的构成

画/擦的构成

大/小的构成

快乐/伤心的构成

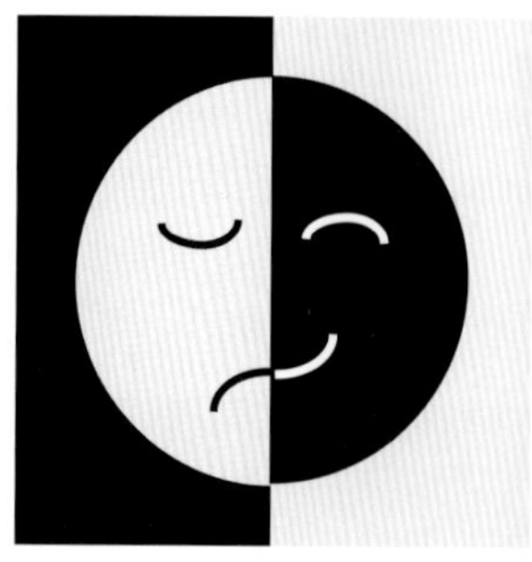

Tips

阴阳和图底是视觉心理的重要要素。需要有简单图形表现指定文字意思的能力。比起用说明来更让对方理解，所以图形不能复杂。要学习寻找对比和相反的要素。

去/来的构成

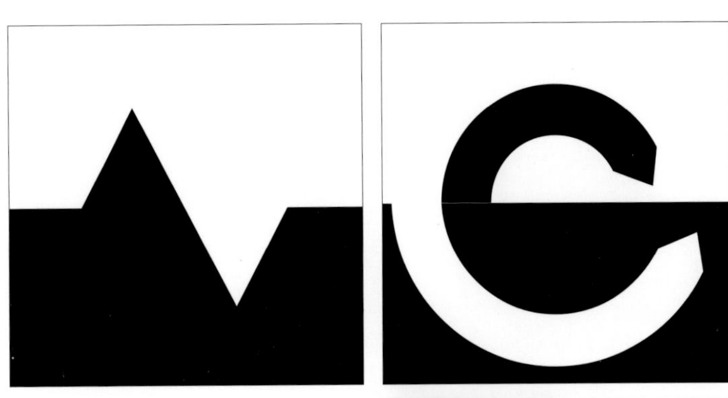

画/擦的构成

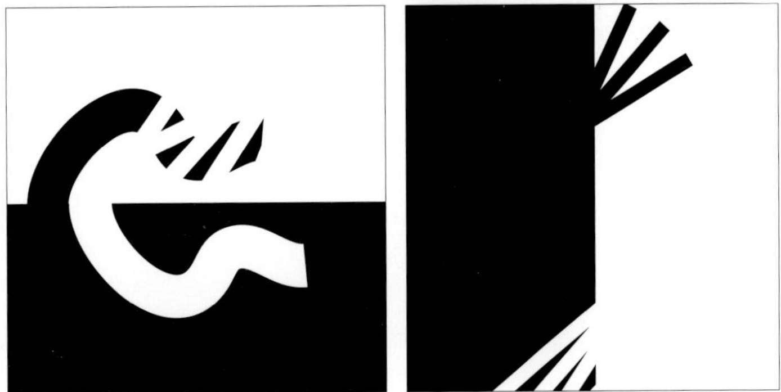

大/小的构成

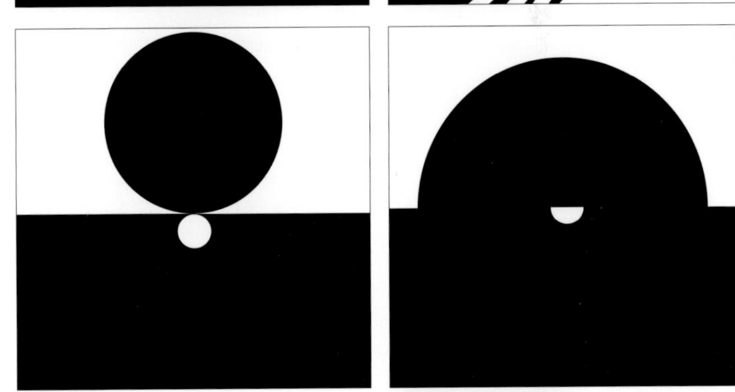

快乐/伤心的构成

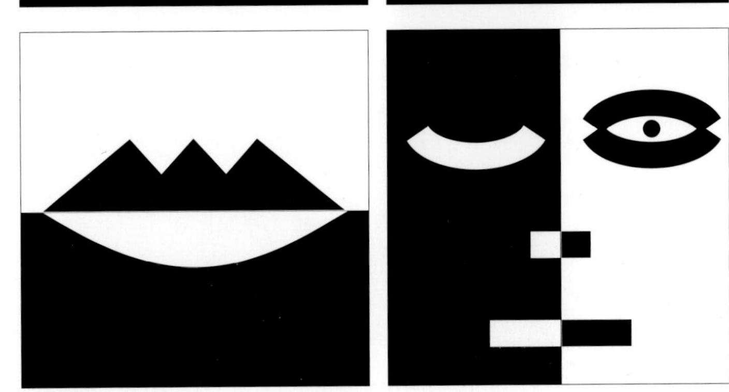

把文字的意义用图底或者阴阳来表现，要用即兴的图片或简单的图形来表现。

保罗·克利(Paul klee 1879-1940)
泽菊 / 1922 / 布面油画 / 405x380mm

4. 潜在意识的形

(1) 潜在意识中的形

所谓潜在意识是指潜在于人的一般意识之下的神秘力量。通过梦境或幻想般的世界，即无意识的知觉活动，保持精神世界无限的能源。像这种能源不是通过学习生成的，而是有可能一辈子都不会知道的纯粹的能源。人都有天生的造型能力，艺术家就是开发这种天生的能力在萌芽阶段的人，通过无数的实验完成的熟练的艺术作品。所以如何更好地表现学生潜在意识中的形象是造型教育中的重要思想。

(2) 自画像

艺术家在接受艺术教育时，或者达到一定艺术境界时，都会画自画像。这是因为通过画自画像可以如实地表现出自己的思想或情感。自画像或写实或抽象，我们无法评论自画像的优劣，因为自画像是按照个人的情感和能力，尽最大努力表现出来的。画的行为是按照一定的熟练度来完成的，但是按照触感来完成的行为是提取潜意识中形的基本造型行为。

图片来源自：www.kalonline.com.cn

练习主题

通过自画像学习表现潜在意识。

练习目的

发掘潜在意识中人的造型能力。学生可以利用纸粘土制作本人的自画像，学习用动手来确认自己在潜在意识中的造型能力。

练习提示

使用市场上卖的纸粘土来表现本人的自画像。能表现本人特征的脸部表情，通过夸张和省略刻画出本人的形象。用细致的表情来突出性格。

练习步骤

因为自画像要突出地表现本人的性格，所以要学习使用夸张和省略来表现。在用铅笔描绘自画像时学生要尽量用写实描写，制作立体自画像1枚，自画像局部写实2张。着色部分学生可以自由上色，要凸显特征。

练习数量

立体自画像1个

自画像铅笔描述（横15cm、竖15cm）3张彩色自画像

建议课时 4课时

立体自画像

写实描写

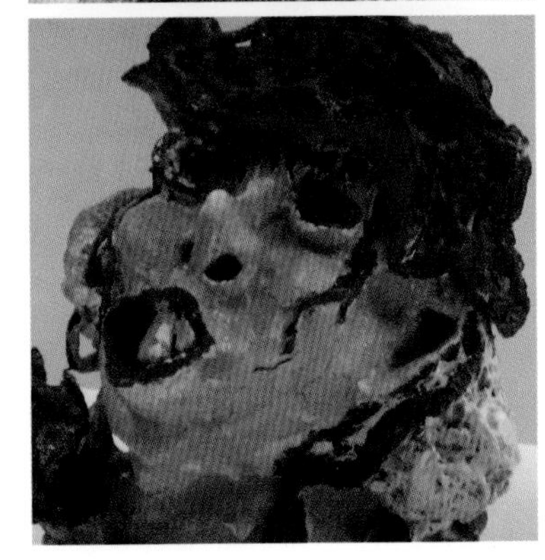

彩色立体自画像

Tips

制作纸粘土的方法跟雕刻一样，有刻和粘两种方法。比起制作写实的脸部，学生表现本人潜在意识中的形态更为重要。这需要学生利用想象来表现心目中的自己来制作。大家需要自信的是人天生就具有造型能力，只不过是没有尝试开发。

素描时只要是按照您所看到的自己，真实地绘画出即可，着色时也只要依照心情，色感，愉快地上色。

立体自画像

用粘土来制作自画像，重要的是可以真实地反映出创作者个人内在的一面，可以的话，把细节也表现出来。

立体自画像/写实描写/彩色

用铅笔描写时尽量把整体的形象和部分形象分开来画，把特征性的部分再逼真地画一下，颜色方面应该在特征性的表情上加上色。

5. 数式的形

(1) 数式的形

数学的创造者称数学是艺术。我们所研究的数学是研究数的，而真正的数学跟艺术一样是富有创造性的。最初的计算机是在“二战”时为了战争计算弹头而开发的。战争结束之后，这个计算用的机器被用作画图工具，开始画线，画面，接着画立体，直到发展成可以制作动画和电影，现在更可以逼真地表现出烟雾、云彩、波浪等变化过程。

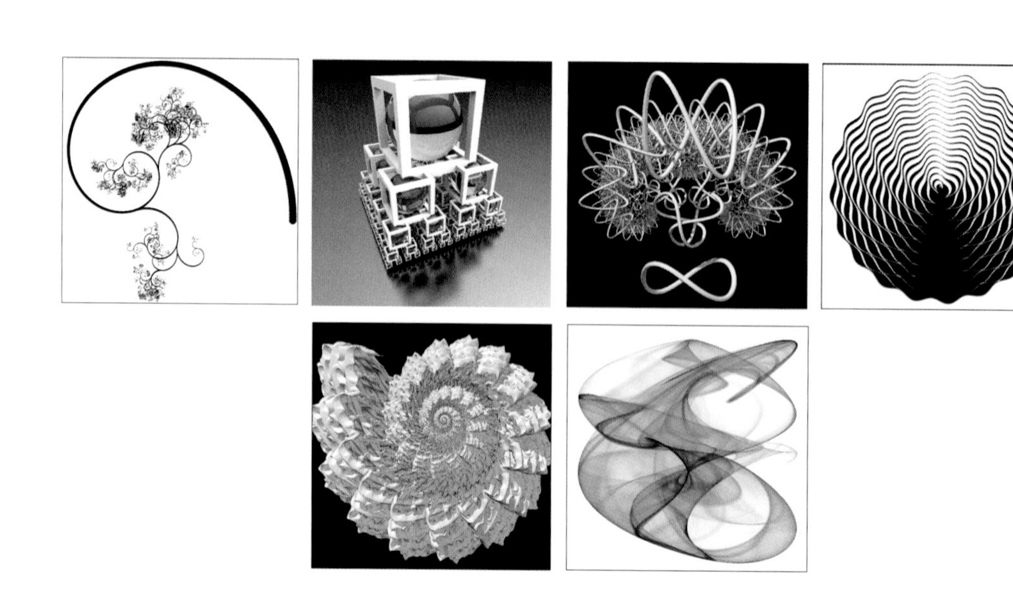

左/dmytry.pandromedia.com
中/Kerry Mitchell
右/Kerry Mitchell,1999,Angel

(2) 分形

分形（Fractal）是著名数学家曼德布罗特（Benoit B.Mandelbrot）提出的，从Fractus（破碎的）词源上用英语和佛语组成的名词，具有部分可以代表整体形象的意思。他创造的分形是曼德布罗特的集合。

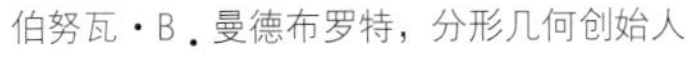
伯努瓦·B.曼德布罗特，分形几何创始人

左/ Karin Kuhimann,2009,Sculpture
中/ Karin Kuhimann,2003,Stained Glass
右/ www.karinkublmamn,de

练习主题

数式造型的理解。

练习目的

让学生亲手通过电脑制作，来学习理解数学和艺术的相互关系。

练习提示

要理解替换Fractal中的程序数值而形成的画像(形态及色彩)。Fractal是数学公式，所以替换数值可以看到完全不同的图形。这不是作业，目的在于帮助个人理解由数值变化而引起的图像变化。

练习步骤

注意按照数值变化而变化的形态、色彩。

练习数量

横300像素 竖600像素 3张

建议课时 4课时

使用软件 Fractal

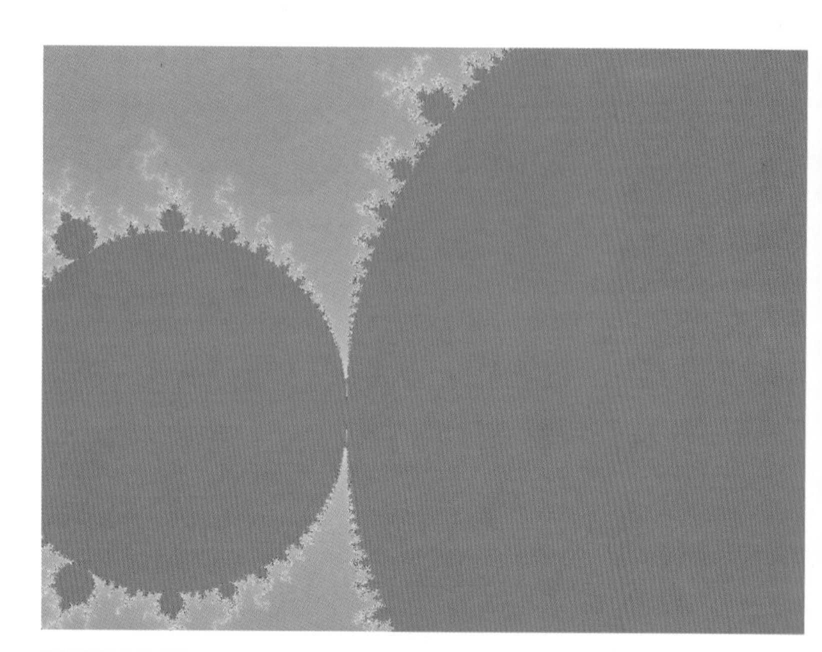

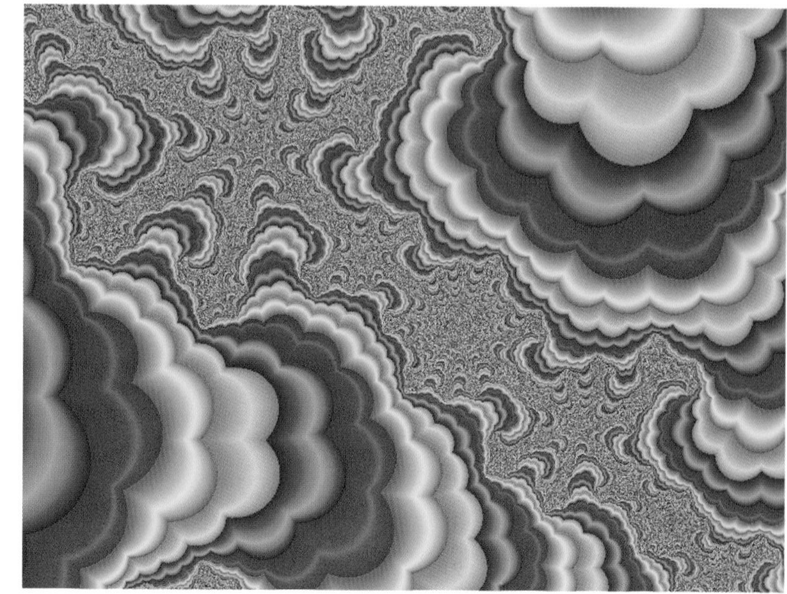

Tips

数式的形不是作业，但是要理解根据数式产生的形，其原理有利于开发学生潜在的逻辑性思维。

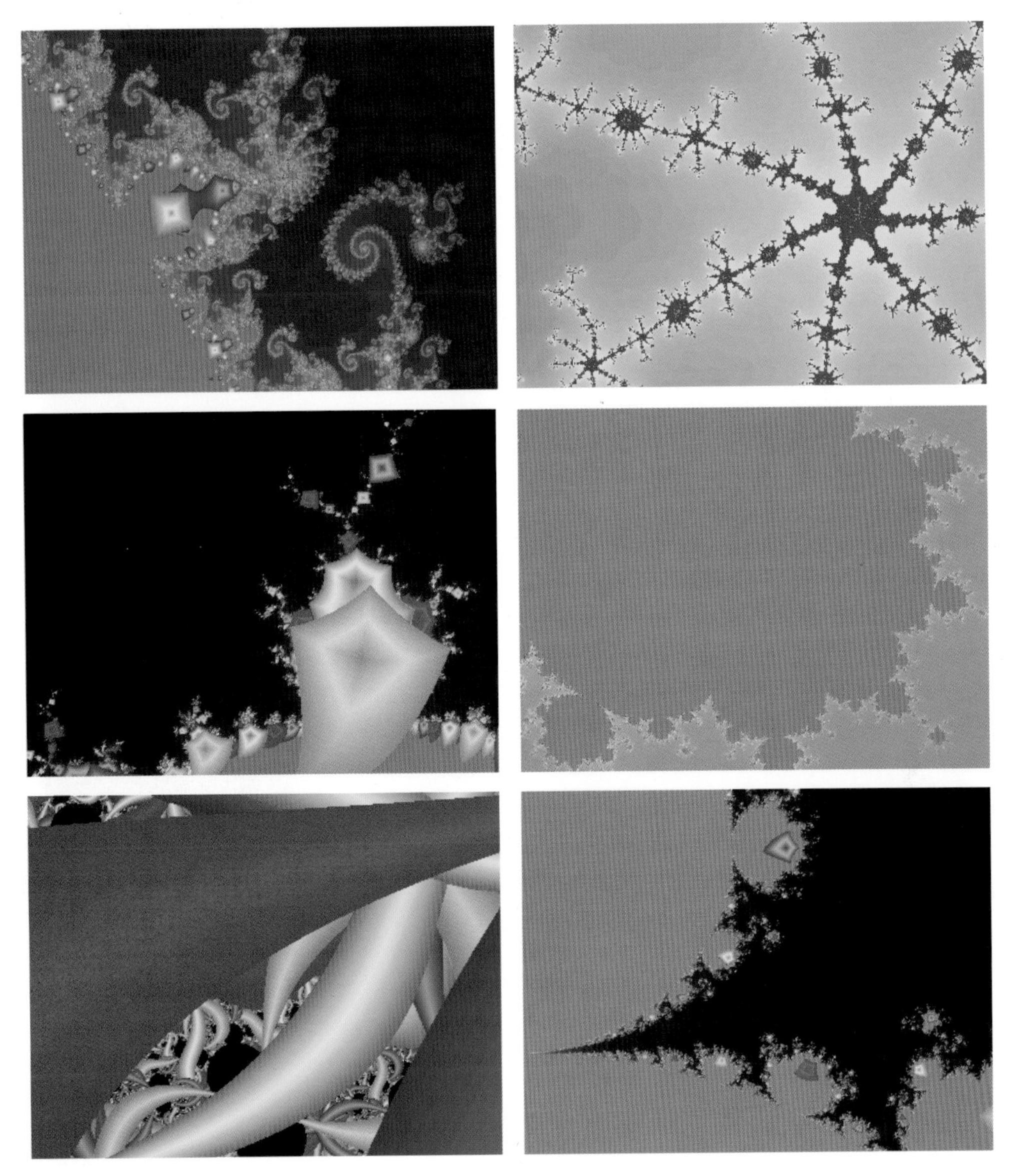

在电脑中根据数值的变化会出现完全不同的图案，使用一样的数值有可能出现一样的图，这是有利有弊的。所以研究好“数”的原理，用代入法的话，会创作出更具个性化的形态。

让・弗朗索瓦・米勒
(Jean Francois Millet 1914-1875)
《拾穗人》/1857/布面油画/840x1110mm

6. 自然的形

(1) 自然的形

自然是人一出生就接触的心灵的故乡。人通过在自然中存在的众多要素学习和领悟，慢慢成长。相片发明以前人们看了画家的作品会惊叹不止。就像艺术家从他看到的景象中提取他想要的形态元素，从而拍摄出富有美感的相片一样，寻找自然中潜藏的多种形态是创造的开始，通过不断的挖掘和创造就会不断地诞生出新的艺术作品。

(2) 自然框架 (Framing)

自然界中含有无数个要素，如形态、色彩、声音、气味、味觉感等刺激人五官的多种要素和形态，同时也含有宇宙的神秘和思绪等精神要素。从很久以前开始，画家就把自然界中的美画进自己的画里，但不可能为自然界的全部，因为画幅是有限的。如同我们摄影时，只能拍摄局部一样。拍的相片按照具体的用途再构成(Trimming)，就叫做自然框架(Framing)。

练习主题

自然的形和Framming。

练习目的

让学生通过观察认识自然的美丽，培养学生获取自然界中潜在造型要素的能力。感受自然界中事物的美丽是因人而异的，使学生明白一个潜在的道理，每个人通过眼睛发现的形态是属于自己原创的造型要素。

练习提示

按照自己的偏好拍摄24张自然元素，其中1张通过Framming再构成。一定要拍摄自己喜欢的，如果可能的话请使用像素较高的相机。

练习步骤

只拍摄自己喜欢的形态，选择其中一张可制作4部分Framming的图像。

练习数量

拍摄24张

Framming 横300像素、竖300像素 4张

建议课时 4课时

使用软件 Adobe Photoshop

Tips

在选定摄影对象的同时，请尽量选择观察有着多种形态要素的对象。这会让自己拥有正确观察事物的眼睛和寻找到自己心中的造型形态，所以要努力寻找自己觉得美丽的形态来拍摄。相机一定要用像素高的，Framming时即使形态较少，但可以保证画面的清晰度。Framming时，要寻找4个构图不同并且有意义的要素。

利用自己的照片进行练习设计，把照片里的造型性的要素选分出来进行练习。上面的作品是木雕建筑的照片，以直线和柔和的木雕形象把造型要素抽取出来。下面的作品是人工制造的都市的混凝土结构的建筑物，与上面的作品形成对比。

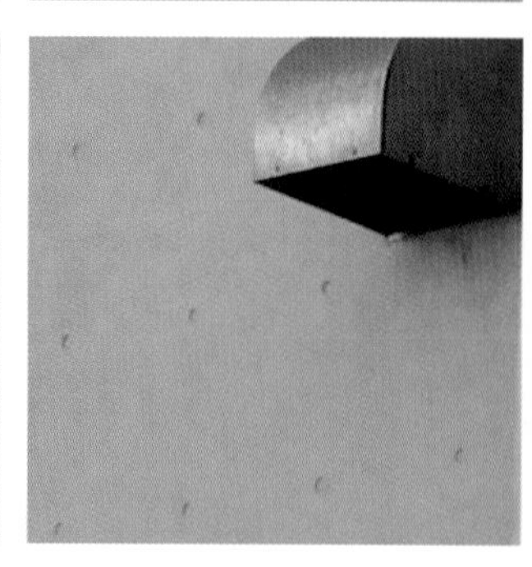

上面的作品是建筑物内部的照片，把照片中的没有意义的要素（车）抽取出来放大的和下面的作品也是把没有意义的要素（车）抽取出来。这种练习是让学生确认我们在日常生活中无意识去照的照片也可以成为造型要素的。

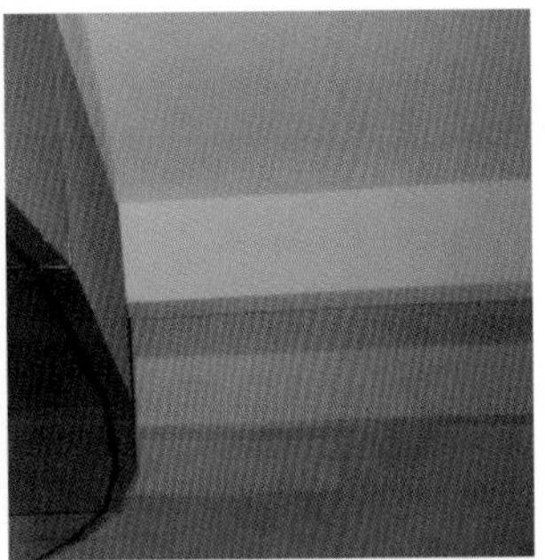

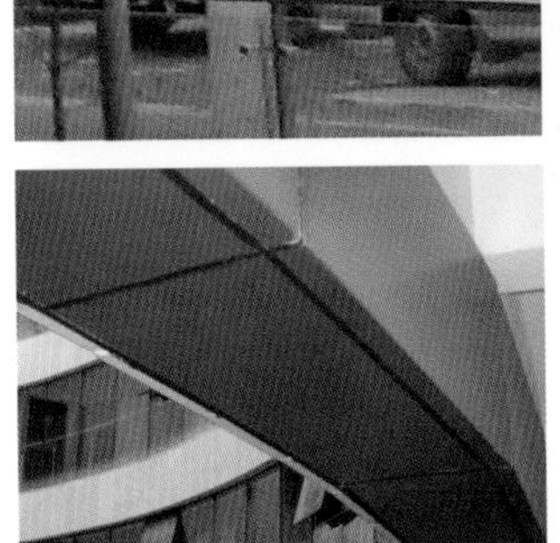

安迪·沃霍尔(Andy Warhol 1928-1987)
Sarah Bernhardt/1980/
丝网印刷(40x32in)

7. 形的相互作用

(1) 形 、色、文的相互作用

形与动、文、色、音是有机结合的关系。没有意义的“形”里添加“动”可表现性格，“形”中添加“色”和“音”可产生律动，按照这样的相互作用可以看到各种变化样式。图像的变形在平面设计中有着重要的意义。颜色可换成黑白，平面也可变为立体。即使是同样的图像，按照“色”的变化和图像的变形会产生另外一个图像，将两个图像修改或合成也同样可以制作出新的图像。

(2) Image Processing

Image Processing是画面处理技术，在修改图片和合成图片中起着重要作用。构成数字画面的最小单位是Pixel(像素)。电脑图片是以这个像素集合而成的，且按像素的浓度表现图片。像素是计算机的演算，按照坐标的变化图像会跟着变化或变形。Photoshop软件中的Filter（滤镜）效果就是利用这样的数值演算表现形态效果的应用软件。将写实的形态变化、变形、合成，将色彩构成加以变化、最后修改合成的画面并做技术处理。

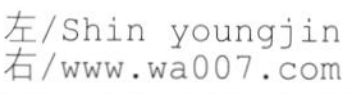
左/Shin youngjin
右/www.wa007.com

练习主题

形的相互作用——Image Processing

练习目的

学生通过学习两种以上的图片合成，熟悉图片的变形及变化过程。

练习提示

合成之前制作过的自画像立体角色图片和本人脸部图片，制作出新图片。

练习指南

图片一定要用高像素相机拍摄，制作合成图片仅需用Photoshop里面的基本变化功能即可。

练习数量

横21cm、竖29cm 画面图像变化4张

建议课时 4课时

使用软件 Adobe Photoshop

Motive 1

Motive 2

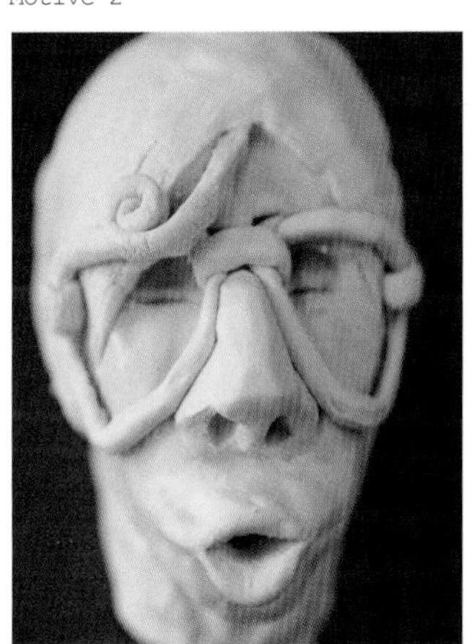

Image Processing

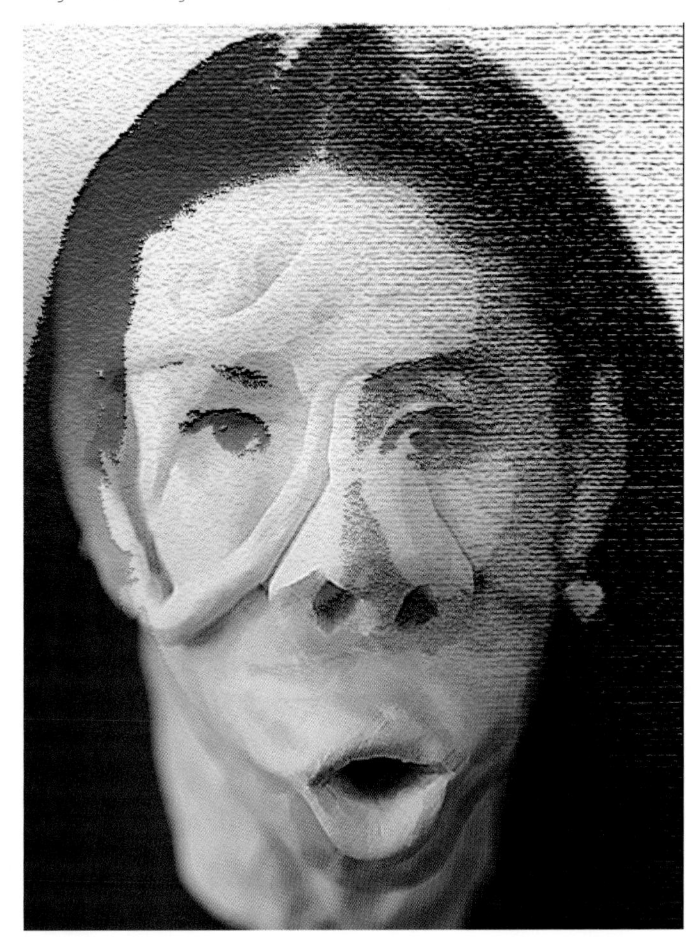

Tips

纸粘土和脸一定要用高像素拍摄。每张图片修改后，把两张图片合成。使用Photoshop的功能制作，且为了版权问题务必要本人亲自拍摄后再修改使用。因为是练习，只需使用简单的功能完成制作。

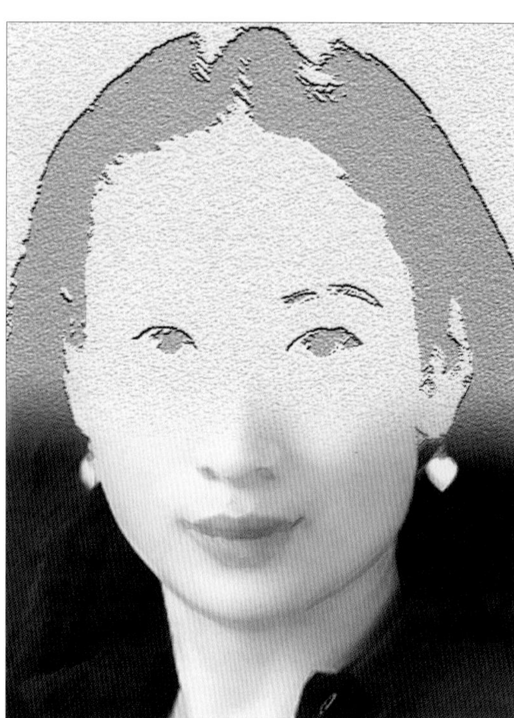
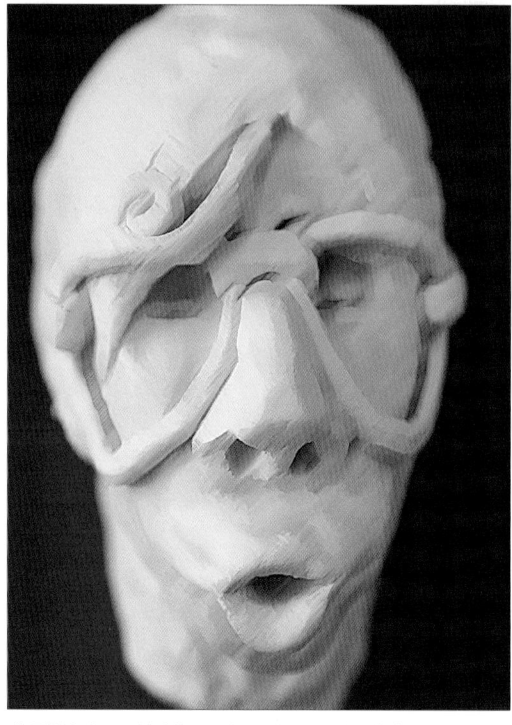

将画面完全不同的头像，叠加、对比后所产生的效果。

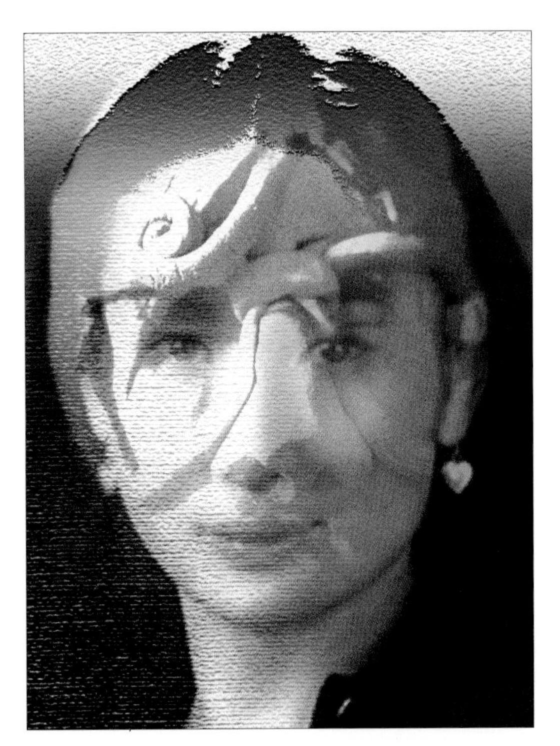

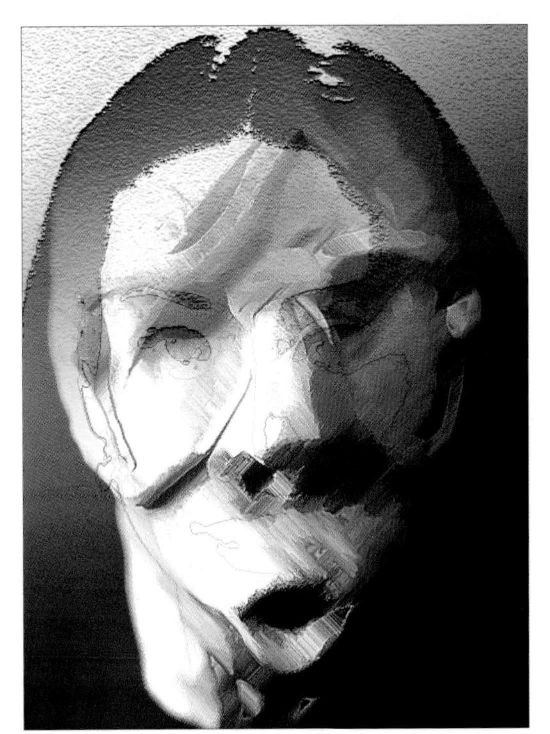

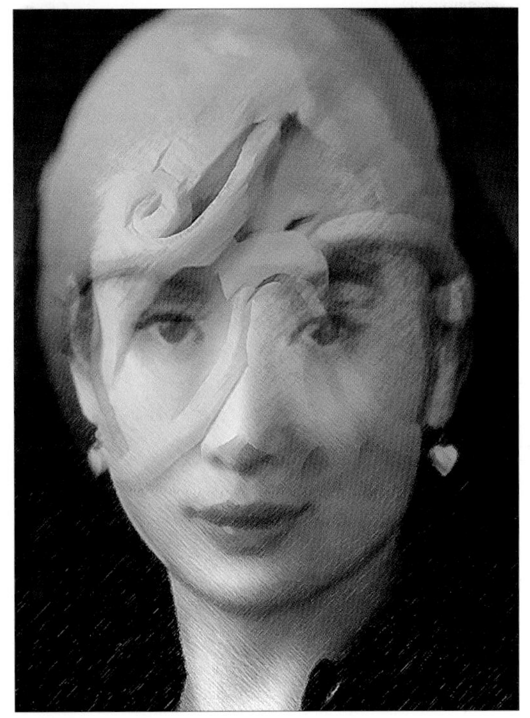

利用软件将图片进行背景、材质、效果、黑白等多层次改变，效果也出乎意料，所以设计一定要贴近主题。

第二章

动

1. 动和动态
2. 动的要素——形象、时间、空间、剧情
3. 动的知觉
4. 虚拟的动
5. 物理现象的动
6. 动的相互作用

Bluemoon Studio/Japan

1. 动和动态

“动”是把某种变化的瞬间连续记录并把这些变化按照顺序表现在画面，以此制作动。如相片般写实的连续记录叫电影，把一个个动作连续画出而记录下来的叫动画(Animation)，记录物理现实的叫仿真(Simulation)。因数码相机的普及，记录动的变化更加地方便，生活因此也更加丰富多彩。

动态是指某种“形”运动时的样子。比如看一个人动的模样，可以大致看出这个人的性格；看动物动的模样，大致可以了解这个动物的特征。动的形态是“动”表现中的重要要素之一。单纯的几何图形的变动，可以被看成是有特定性格的人或动物，这是因为这种变动是有意图的动态。运动的连续记录里必然包含时间和空间。从电影、影像或动画中我们可以知道，同样的动，因时间的调整或空间的变化所表现出的视觉意义是不相同的。这是因为动是有变化的，而变化是根据时间的推移形成的一种现象。

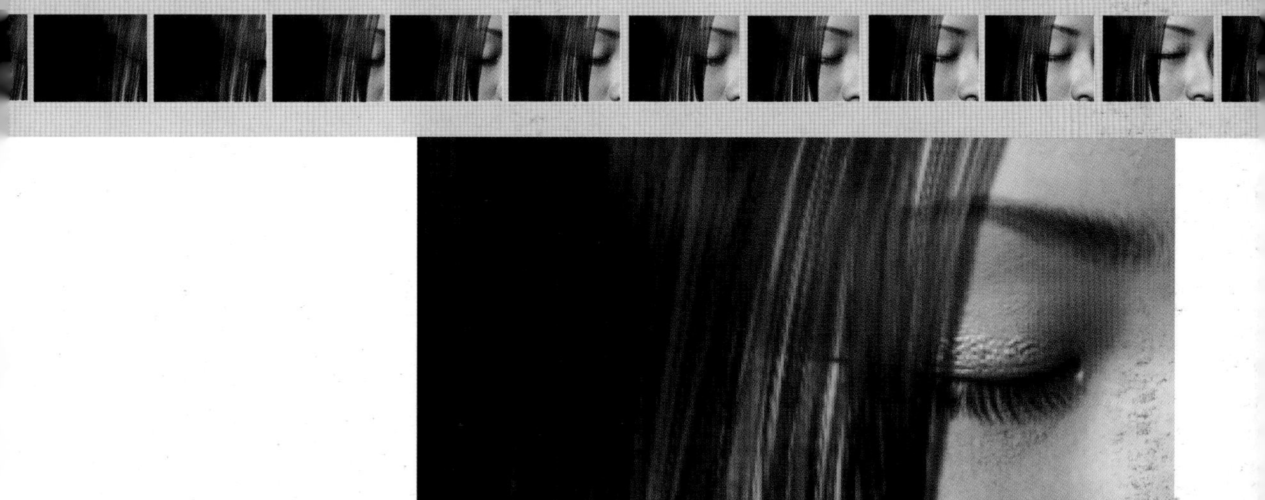

2. 动的要素——形象、时间、空间、剧情

(1) 形象

画面中动的对象叫做“形象”或者“角色”。电影中的主人公或登场人物、动画里的演员，在画面中都起到一定的作用，而动的要素叫做角色（Character）。作家按照制作意图赋予角色特定的性格，从而达到把自己的情感传达给观赏者的目的。角色通过画面的变化，即位置的变化、时间的变化、形的变化、大小的变化、方向的变化、数量的变化等从而生动起来。

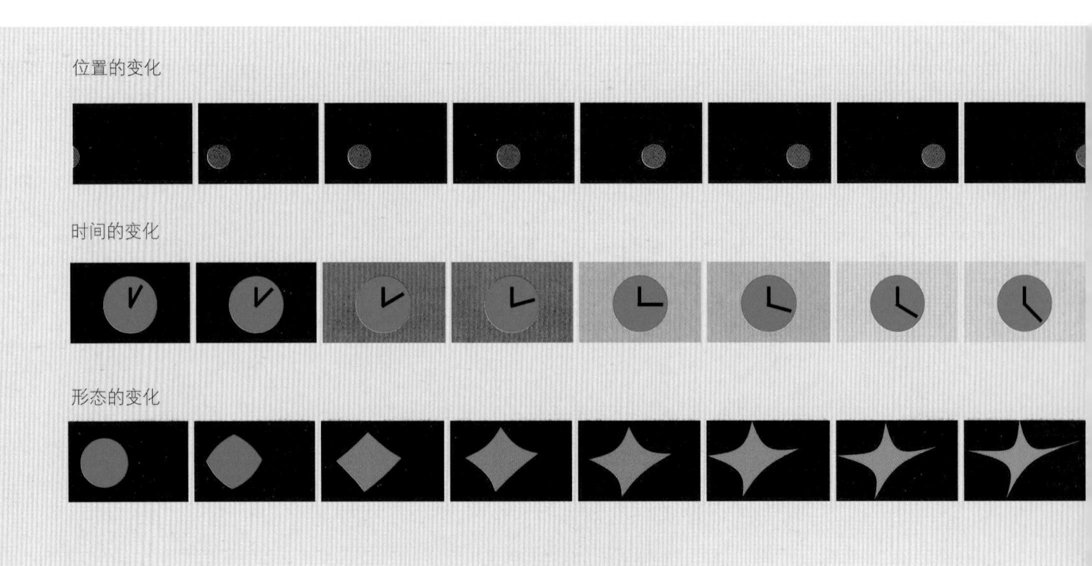

左/Sheldon Brown
中/宁书家 Nin shujia
右/Till Nowak

(2) 时间

动中必然存在“时间”。人的动、物体的动、电影中的动、自然中的动等所有的动都与时间相关联。给予没有生命的物体连续的“动”来赋予其生命的过程叫做“动画”。动画是利用人的视觉暂留的特点，把一系列静止画面以每秒16张至24张的速度连续播放，使得人们感受到其真实的动。即赋予连续静止的画面时间时，肉眼可以将之看成是连续的影像。

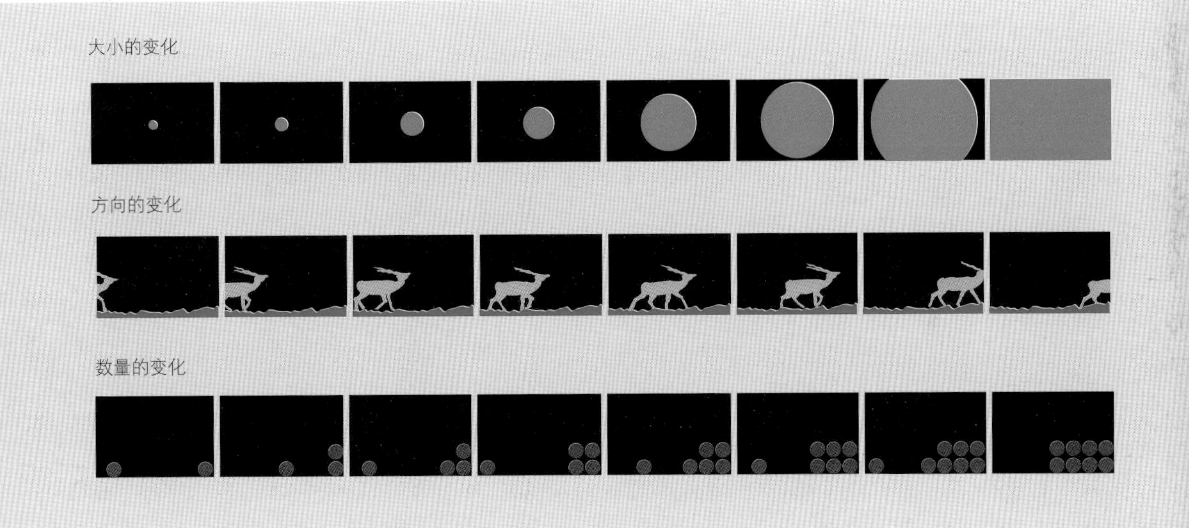

左/ Guy Hoffman
右/ Shunsaki Hayashi

(3) 空间

大家要明白一点的是：动和时间中必然存在某种“空间”。平面动画中有背景，电影中也有背景。不管是“小”的空间，还是“宇宙”空间。它们都存在于各式不同的背景当中。

(4) 剧情

表现动的“剧情”非常重要。在没有任何意义的形中添加剧情，角色就会富有生命力。剧情便会以背景为依托，而增强动感。人翱翔于天空的影像效果是合成“人”的“动”和“天空”的“背景”，再利用了人的错视效果而形成的。空间作为加强影像动感的要素在现代电影里运用较多。人们大多使用喜、怒、哀、乐为主题，来打动观赏者心理的故事情节。剧情因社会环境而变化，同时也受时代背景的影响。现代生活的环境复杂多变，剧情也是多种多样，都是不同程度的对现代生活环境的一种反映。

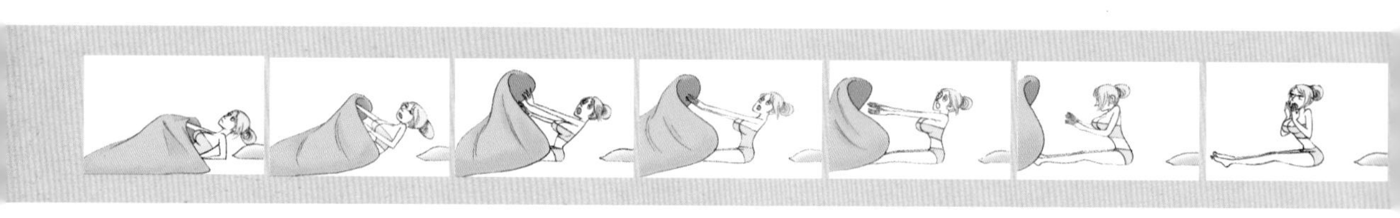

左/中/右/ Tan xiao jing, Zhu jia li

练习主题

动的要素——动物的动。

练习目的

学生通过对动物的观察理解“动”的特征，且通过亲自制作来学习理解静画和动画的差异。

练习提示

动物的动态用静画来表现，且利用静画变化来转化成动画。

练习步骤

详细观察各种动物的动作特征。

练习数量

横300像素、竖600像素

16张 Gif Animation

建议课时 4课时

使用软件 Adobe Illustrator

Adobe Photoshop

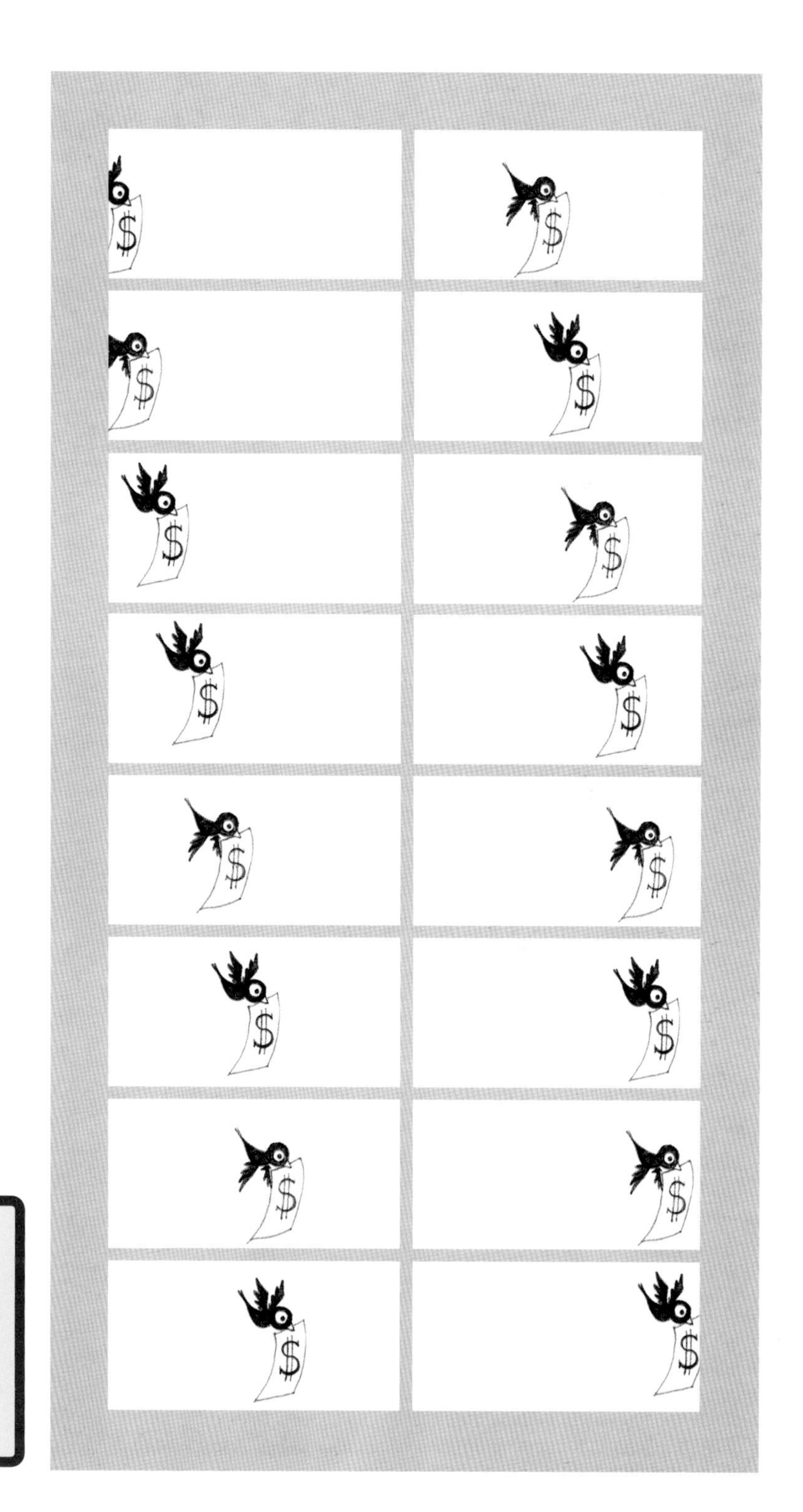

Tips

Cell Animation是为了理解“动”而进行的单纯的练习。动物具有独特的动作，但是好比人走路，两步之后是不断反复的动作行为。要学会观察“动作”，寻找反复要素是重点。

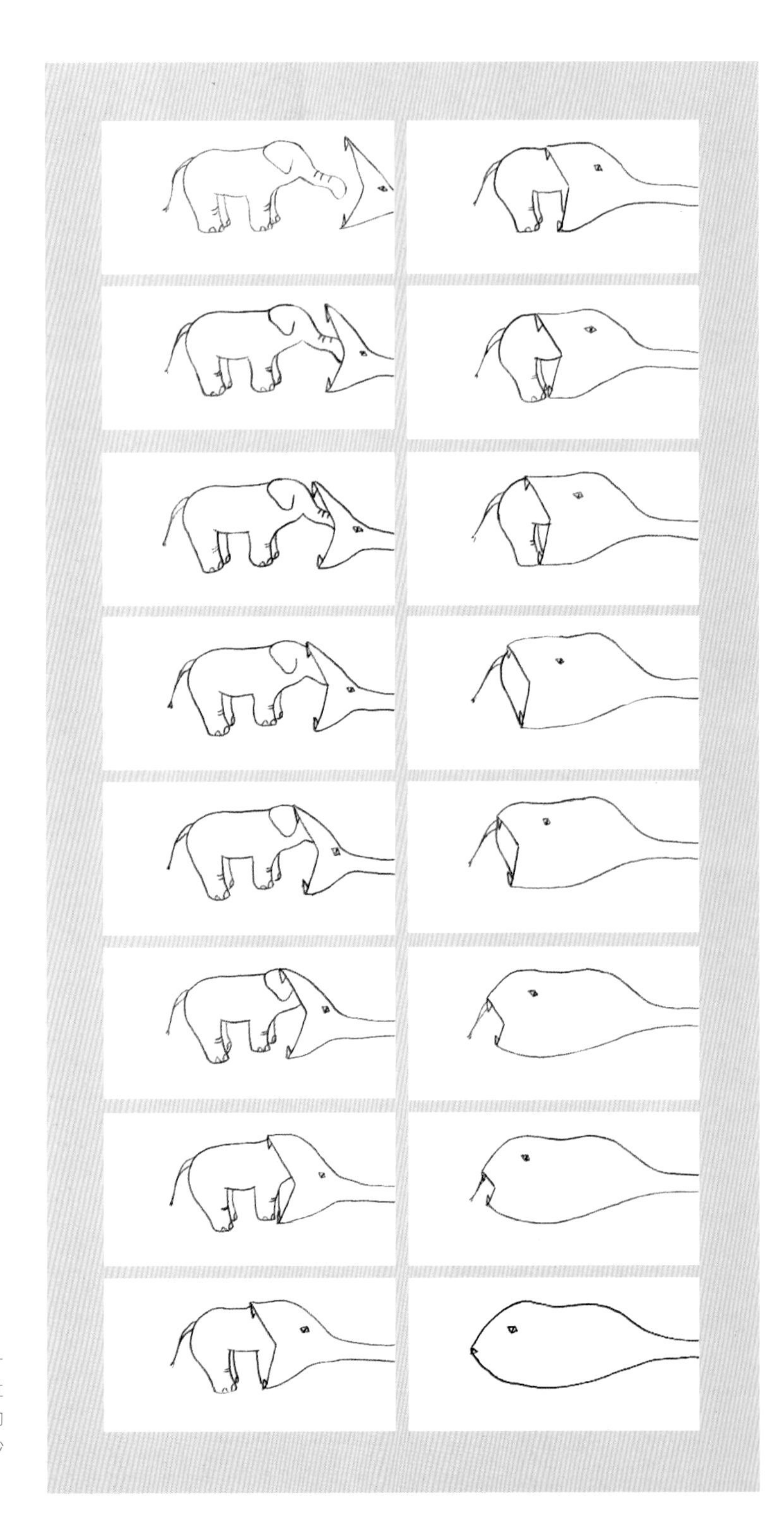

利用白描练习Cell Animation，一张一张用手去画，由此了解动画分解过程的一个练习。16张就可以制作1秒的动画，这个作品的特点是在短短的1秒钟内表现了不同种的情节。

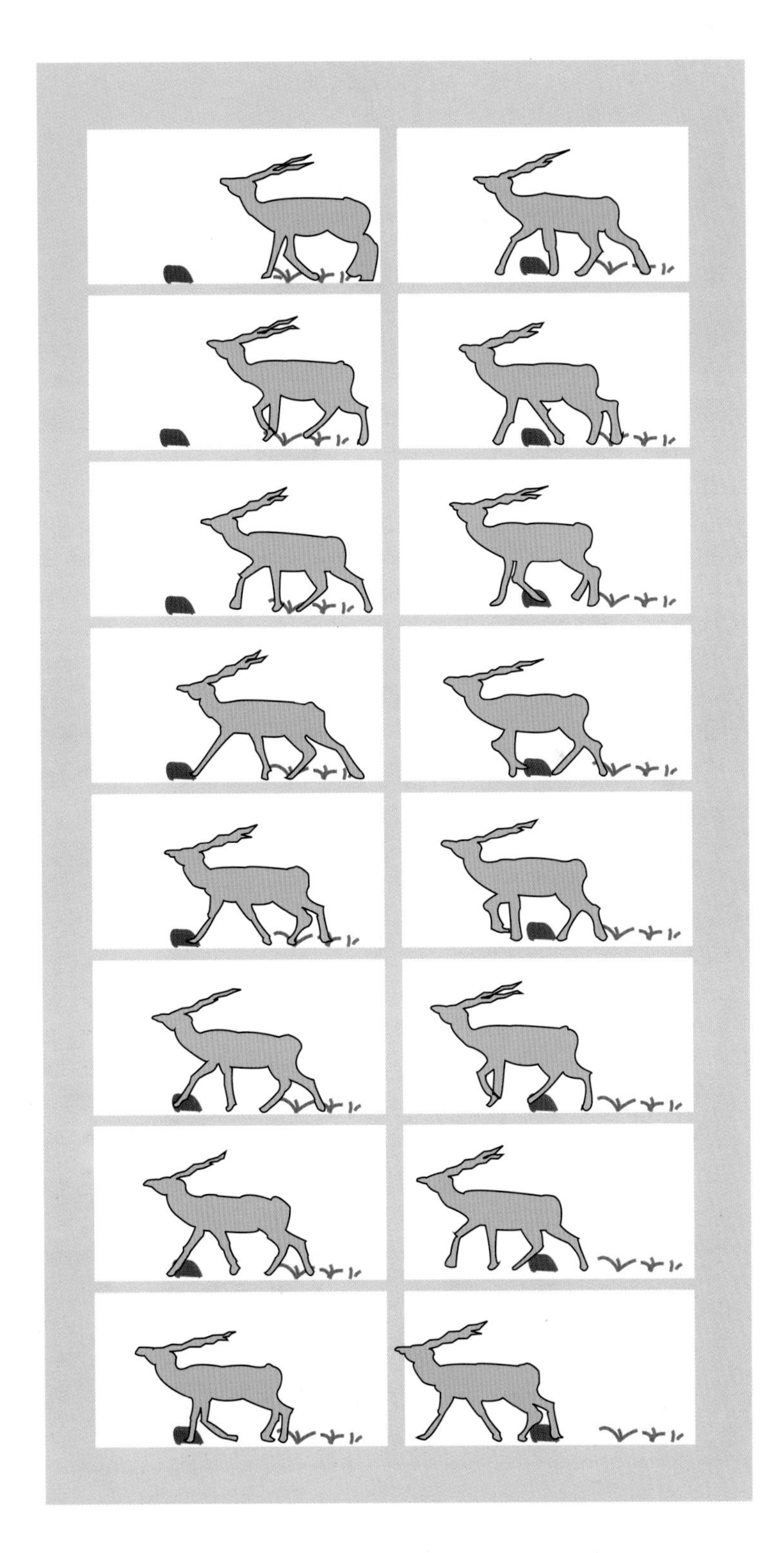

虽然是一样的Cell Animation，但插入了色彩和背景，一秒钟作品的重要性和一张Cell的重要性是通过练习来确认的。虽然没有真实的动的表现，但是你很容易便会理解Cell的概念。

3. 动的知觉

(1)动的知觉

背景相同形态稍微不同的两个画面连续播放时，感受到的“动”和类似的两种刺激连续提示所感受到的“动”，这个现象叫做动的“知觉”。动画就是利用这样的知觉现象制作的，用每秒24张画面连续播放，可以让人视觉上感受到形象和现实一样的“动”。

(2)自然的动

自然界中存在的所有的要素，人们的生活、动物的活动、植物的成长，日月的升落，宇宙的酝动，城市的变动等等都是自然的知觉现象，也是观察动的重要要素。在滥用暴力的现代电影中常常是以过激的动作来吸引观众，现在人类面临的一个十分严重的问题是我们赖以生存的环境被不断地破坏，估计未来电影中会时常出现异常气候灾难的画面表现，也许自然的美丽和栩栩如生的人文主义的“动”的影像会越来越多。

左/Li Guang yu
中/Tan xiao jing ,Zhu jia li
右/J.Walt Adamczyk

练习主题

自然的动

练习目的

学生通过观察自然，慢慢地体会和感知“动”在大自然的真实存在。

练习提示

以动的要素为创作主题，选择固定摄像头，拍摄10秒的影像。10秒是瞬间，所以拍摄时要注意选择画面作业的核心。建议以风、水、车、人、人工物体等动态做主题。

练习步骤

动的要素中选择明确的主题，尽可能凸显主题拍摄。

练习数量

影像10秒-240帧

建议课时 10课时

使用软件 Adobe Premire

Tips

我们的日常生活是动的延续。在这些无数的“动”中寻找他人不能发现且具有趣味性的“动”是重点。即使在很短的“动”里，也要实现信息的传递。即动的主题要明确。

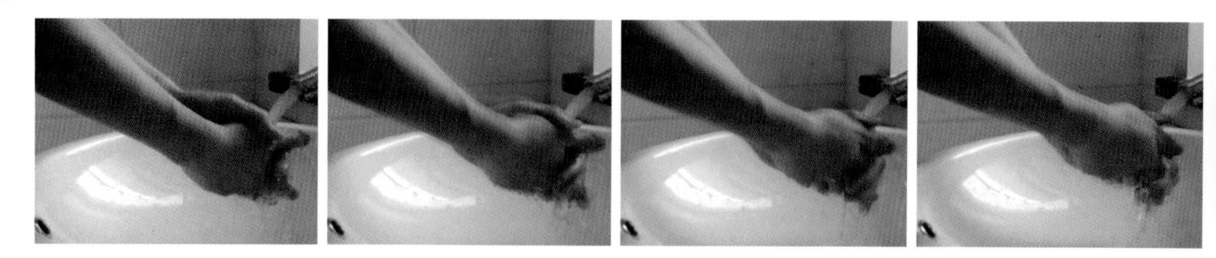

此系列图是以洗手为主题的摄影，拍摄时固定相机所处的环境，表现十秒钟的动态。虽然洗手的动作实际上是很短的时间，但对于影像来说是比较长的时间，人们看着洗手的动作会思考很多。

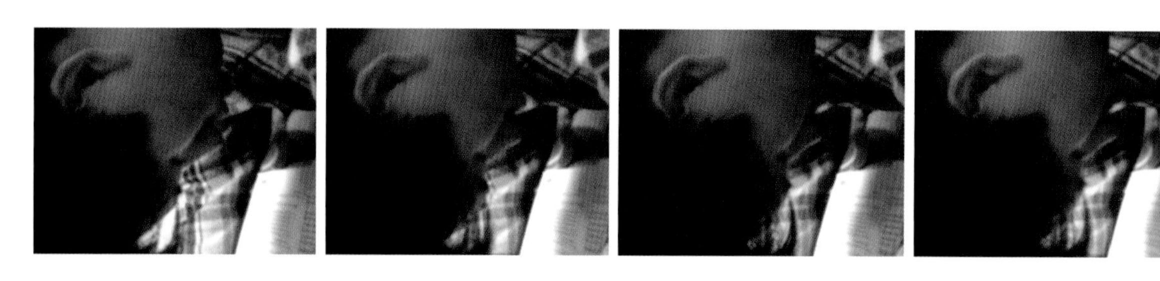

这组图是因困而打瞌睡的样子。用另外一种方式诠释了一个动态场景。

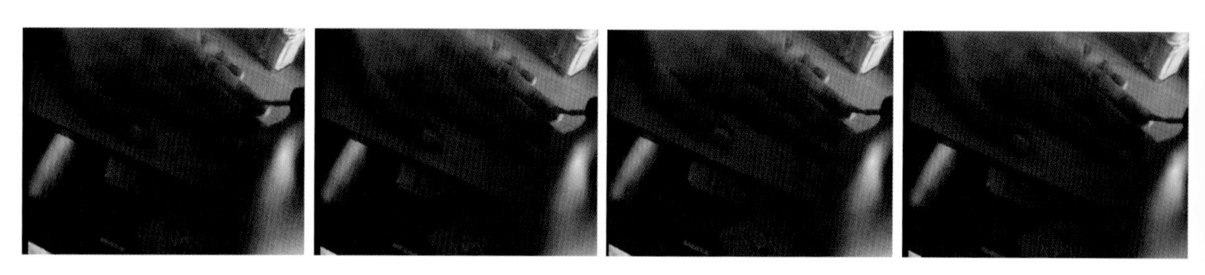

这是一位女性在涂指甲油的动作，用这种拍摄方式呈现了动态效果。

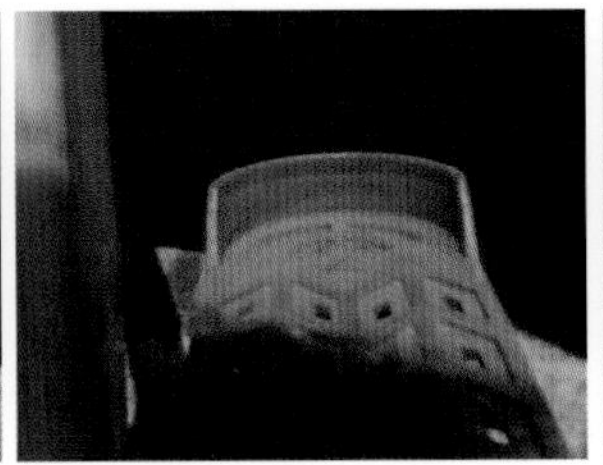
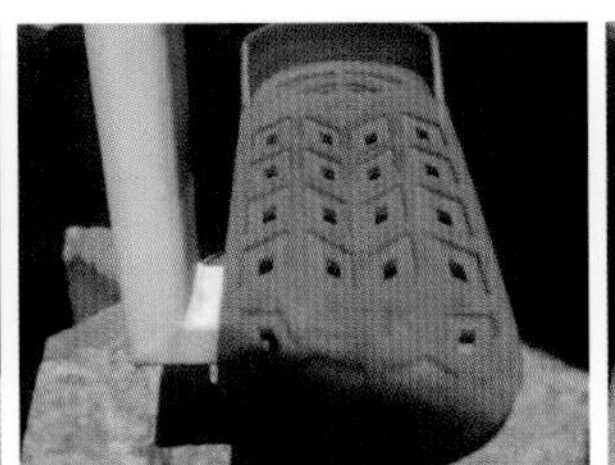
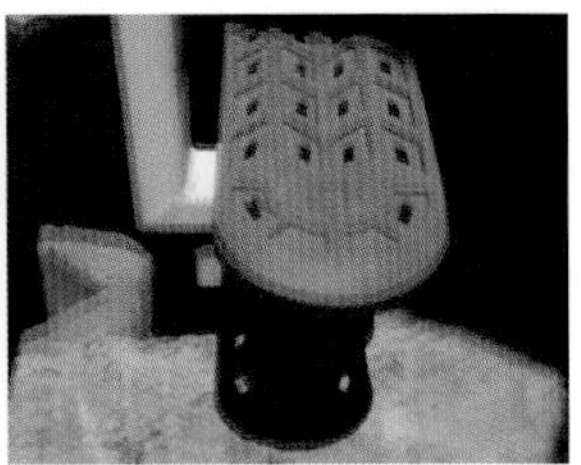

这是表现秋千的动态，表现固定的反复动作。

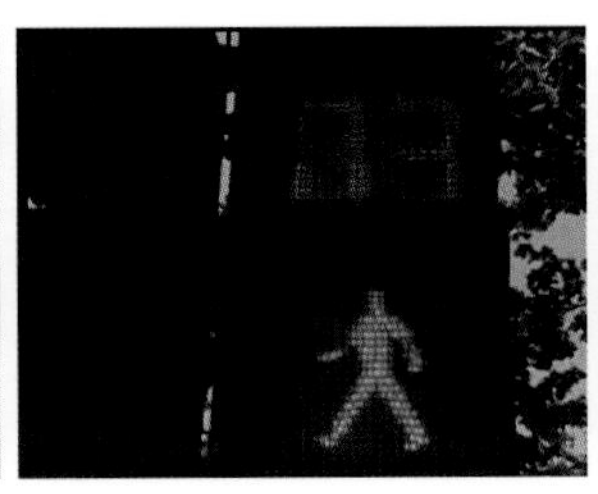

这是信号灯的数字变化的表现。这也是用另外一种方式解释了一个动态场景。

这组图是拍明星的背影。
动态的表现镜头中焦距分别为中景、远景、近景的表现特征。

4. 虚拟的动

(1) 虚拟的动

用电脑制作出某种特定的场景，让使用者觉得自己面对的是实际的情况和环境，这样的人与电脑之间的相互作用叫做“虚拟的动”。制作虚拟的空间目的在于可以让人感受到一些日常生活中人们难以经历的环境，不用亲自去体验但有身临其境之感从而考验或锻炼其操控能力，这个可以用QuickTime VR的简单操作方法来制作完成。

(2) Panorama VR 和 Object VR

Panorama VR是把现实的环境在计算机中虚拟地表现出来，而且360度的环境可在显示屏中按照使用者的操作显现。可以再现都市的美景或市内的气氛，也可作为虚拟的展馆使用。

Object VR是为了掌握人工制作物体的整体，上下左右360度旋转观看物体。有着这些用途的Object VR是使用者观看物体的道具，通常在网络商场或产品说明中使用。

左/ Shawn Lawson
中/ Olaf Arndt & Jannaeke Schonenbach
右/ SIGGRAPH 2008,U.S.A

练习主题

虚拟的动

练习目的

学生运用电脑软件QuickTime VR实际体验虚拟的动。

练习提示

使用先前的作业“在潜在意识中制作的自画像”的完成作品。具体应用方法，我们将在即将出版的《多媒体设计应用》一书中重点说明。

首先我们将固定的自画像以每20度间距来旋转拍摄画像制作Object VR。在一定的空间用固定摄像头的水平高度，以20度间距顺时针或逆时针方向旋转摄像头来拍摄制作Object VR。

练习步骤

Object VR的拍摄背景要一致，且拍摄的自画像尽量占大部分画面，视觉效果要好。

Panorama VR拍摄时要选择宽阔的空间。

练习数量

Object VR 1张

Panorama VR 1张

建议课时 4课时

使用软件 QuickTime VR

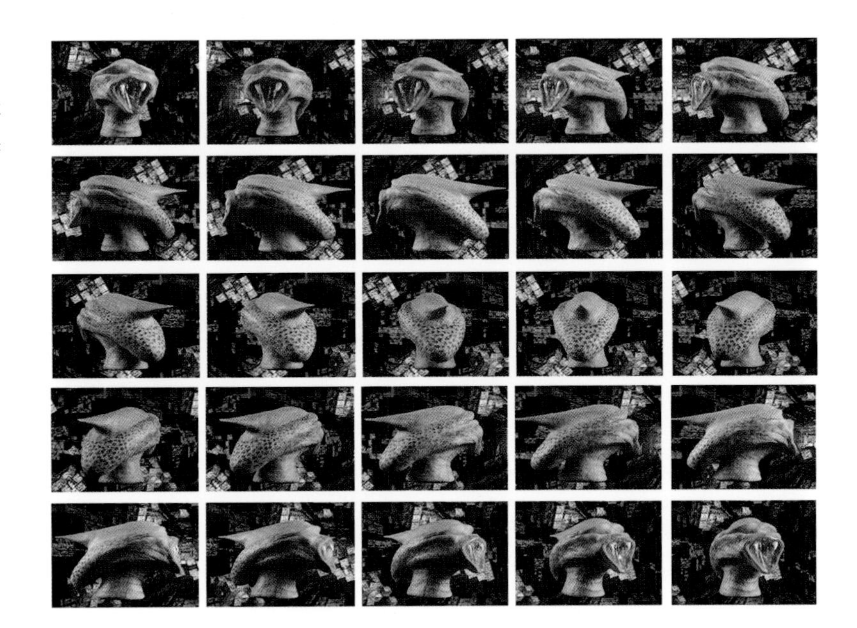

Tips

制作虚拟的动，只需按照软件要求正确拍摄即可。拍摄物体VR时主题物体的中心是不能变动的，且主题物体要占据整个画面；拍摄环境VR时相机要有三脚架固定在中间，且要在宽敞的亮度充足的空间拍摄。

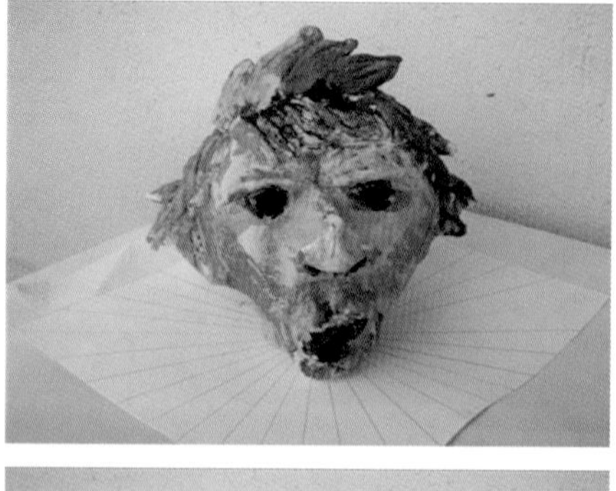

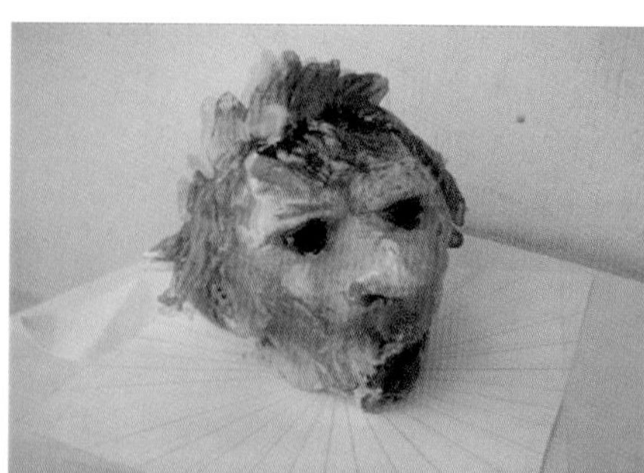

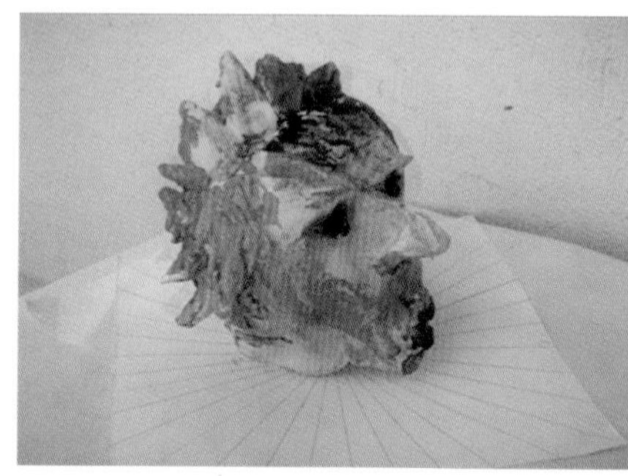

上下两组是表现“形”作业中的自画像的彩色角色VR。按照软件的要求准确地拍摄就行。上面和下面的两组图像觉得不一样的原因是上面的作品没有很准确地进行拍摄。

Object VR是要把中心点准确地放好之后再拍摄。上面图例是正确的，但下面的是错误的。看实际的动画就可以很容易区分出来。

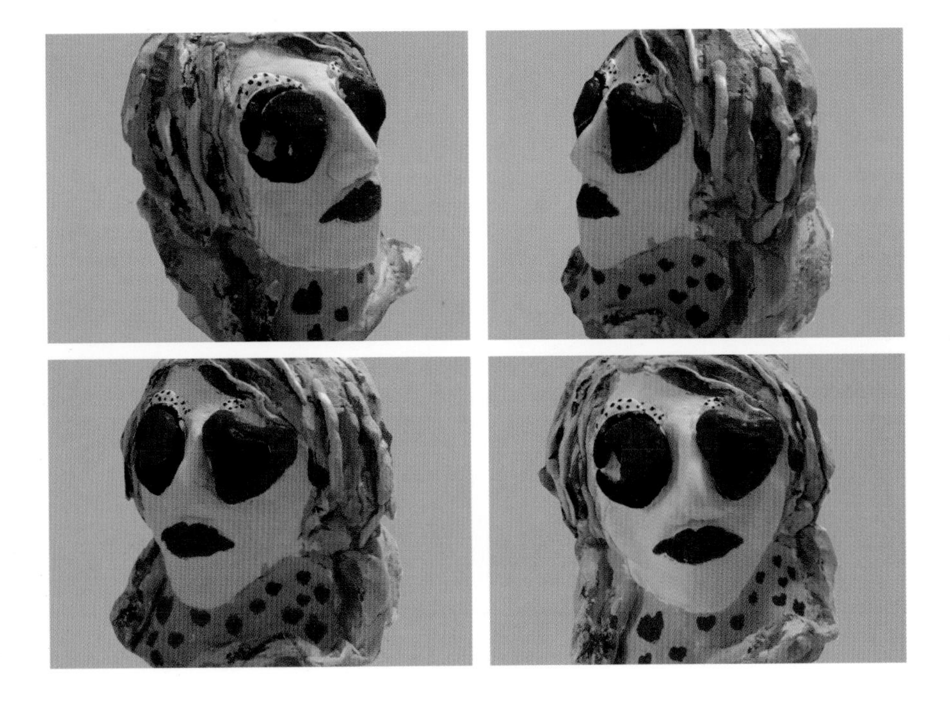

5. 物理现象的动

(1) 物理现象的动

动的表现方法有很多种。有像风中飘落的树叶一般的自然的“动”，也有用电脑表现的烟雾的“动”，多种多样。现代电影里出来的超出想象的“动”是通过模仿自然中的物理现象而再现到电脑中的。数学家开发的仿真计算法运用到动画制作中，可以制作出视觉上跟自然现象完全相同的动。比如宇宙飞船在宇宙中的航行，完全可以在电脑中制作出十分逼真的影像。

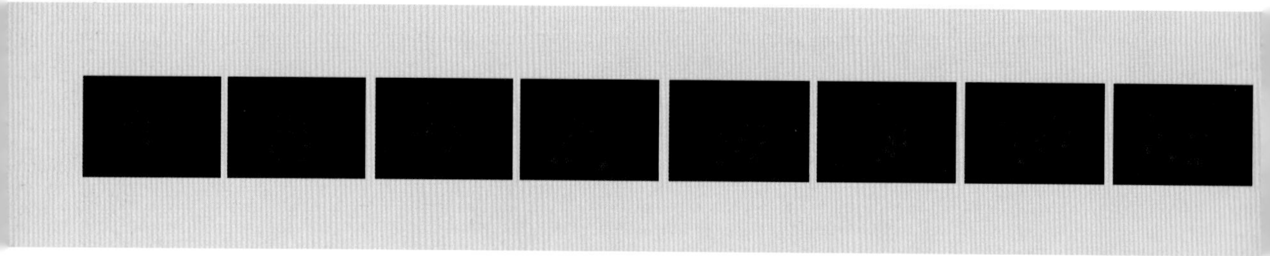

(2) 物理现象的互动(Interaction)

用电脑传达的信息是以使用者为主传递的，这个特点可以说明的是相互作用的普遍化。平面的信息增加动画，增加互动要素再传达给使用者，使用者可以更加方便快捷地接受信息。信息传达互动化的趋势不仅在网站充分利用，手机通信领域也用得越来越多。

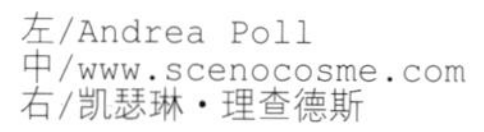

左/Andrea Poll
中/www.scenocosme.com
右/凯瑟琳·理查德斯

练习主题

物理的动——体验重力和弹力。

练习目的

学生通过电脑程序，用手操作鼠标的确认键来体验“动”，体验电脑操控下所表现出的重力和弹力。学生利用特有的电脑程序可按照自己喜好的视觉空间的动来计算画面内部球的重力和弹力数值，实际体验，确认动画的奇妙之感。

练习提示

按电脑的程序制作的影像，通过互动来体验动感。

练习步骤

操作鼠标连续点击，仔细观察各种球状物体的重力和弹力，在空间中相互碰撞后产生出不同的动画效果。

Tips

物理现象是按照电脑的计算所生成的动。随着使用者的不同互动形式，物理现象的运动会有所不同。按照球的类型，重力作用的程度会不一样，这些会有助于学生对弹力和重力的理解。

6. 动的相互作用

(1) 动的相互作用

形、动、色的相互作用在现代影像作家的作品中经常出现。不仅在影像作品中，在音乐、动画、电影中也经常出现代表性的变身(Transform)或变形（Metamorphosis）。一种形变成另外一种形是动画里的常用手法，从而达到产生兴趣或激发创意的效果，目前用电脑制作的真实的变形效果在广告或电影中也被广泛运用。

左/中/右 www.transformersmovie.com

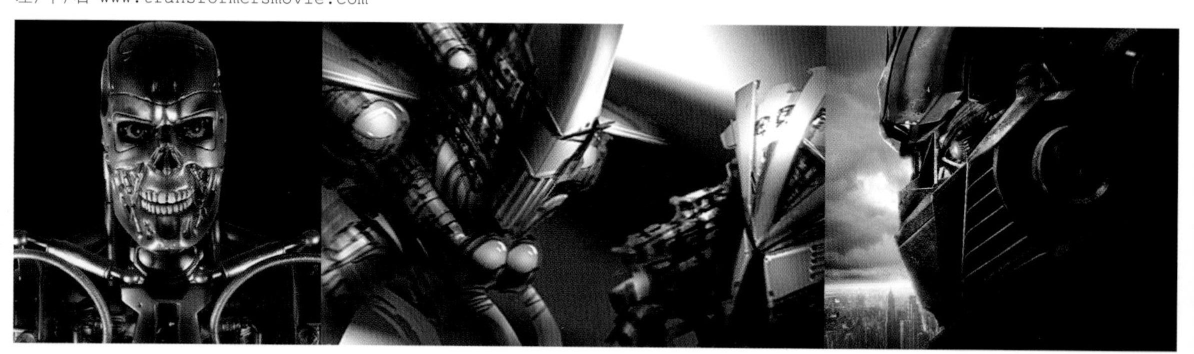

练习主题

动的相互作用——Metamorphosis

练习目的

隐喻的表现如何从一种形态逐渐变化成另外一种形态的现象，“Metamorphosis”让学生来学习“动”在画面中的创作原理。

练习提示

选择两种不同性质的形态，相互渐进的变化过程用动画来表现。用12张Cell Animation可动手制作或用电脑来表现。

练习步骤

选择相互对比的形态，要明确主题。使观者便于理解你要表达的中心意思。

练习数量

横300像素、竖600像素

12张 Gif Animation

建议课时 4课时

使用软件 Adobe Illustrator

Flash

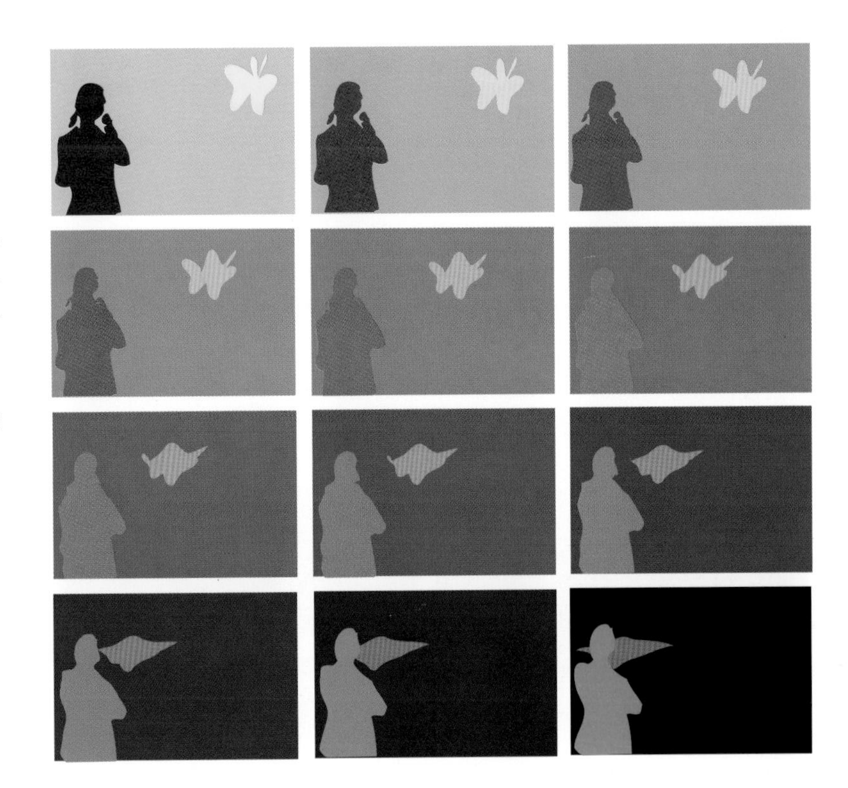

Tips

重要的是选择可变形的两个要素和画出两个要素的形态。观者会对两种要素的相互关系发生联想，所以最好选择适合表现意图的对比要素。过程电脑会自动处理，所以只要分几个阶段设定输入数值就可以生成。同一点数的形态之间变形会相对自然。

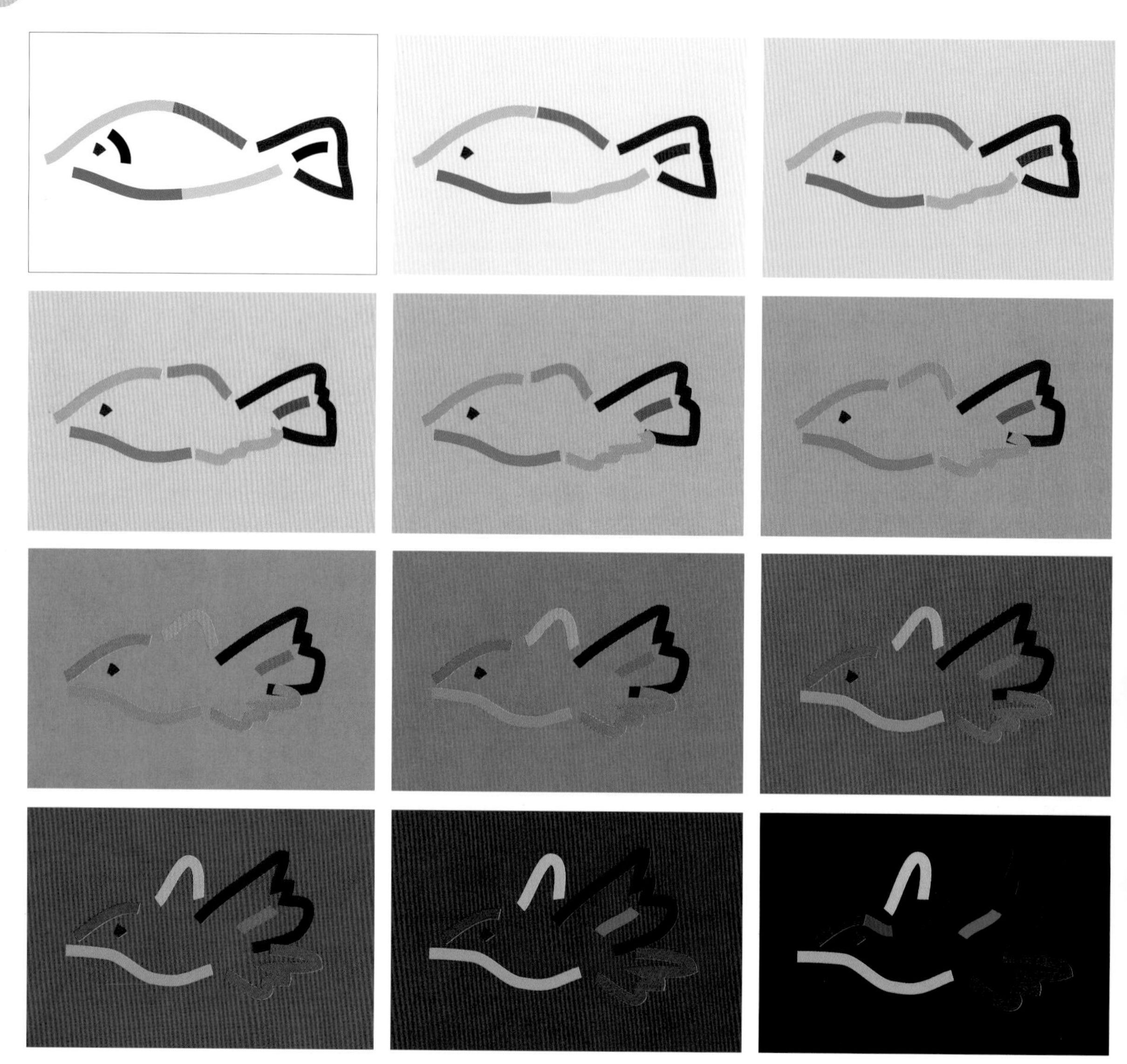

作业中的相反意义的对象物，鸟和鱼从线的变化过程中最终成了作品。如果可以利用电脑中的思维的话，可以很容易制作出来。

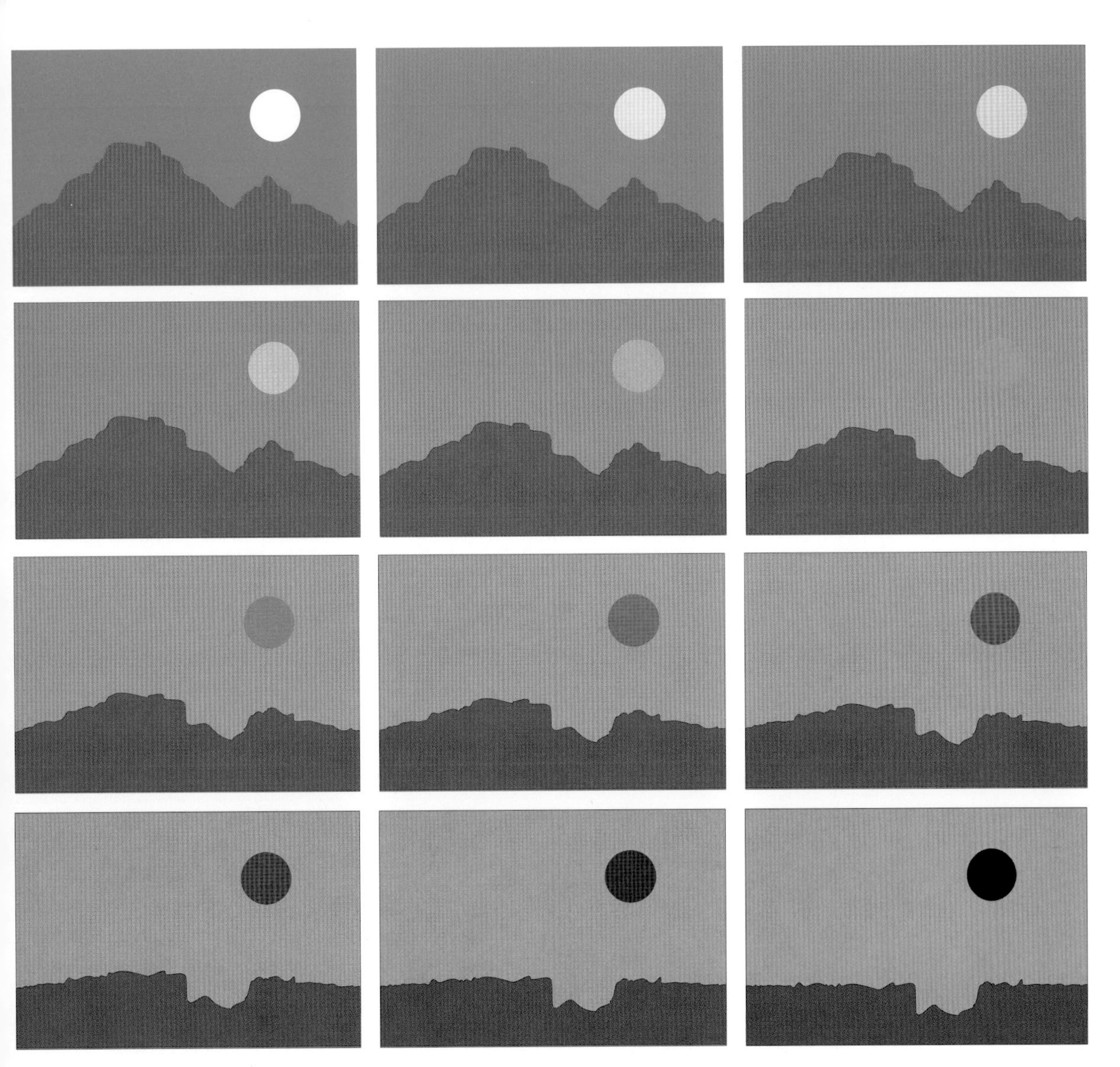

表现自然界废墟中的夜晚和白天的作品。也是由最近地球的地震现象启发而成的作品。利用首张和最后一张图片，其他用中间思维画面就可以自动生成。

第三章

色

1. 色和色彩
2. 色的要素——无色彩、色相、明度、纯度
3. 色的知觉
4. 色的混色
5. 色的配色
6. 色的相互作用
7. 数字(Digital)表色系

亨利·马蒂斯(Henri Matise 1869-1954)
《罗马尼亚人的上衣》/1912/油画/200x160cm

1.色和色彩

光是各种波长光的混合体，光中包含有各种颜色。色是视觉凭借光的原理，针对某种对象吸收和反射程度来认知的谱（Spectrum）的波长。如下图，太阳光通过三棱镜(Prism)折射后出现颜色。波长最长的是红色，最短的是紫色，波长在二者之间的就是可见光范围内的颜色。而大于红色波长的叫红外线，小于紫色波长的叫紫外线。

色彩是光的反射、分解、透射、折射，吸收过程中刺激视网膜和视神经来认知的感觉现象。假如色是物理现象，那么色彩就可以看作是心理现象。

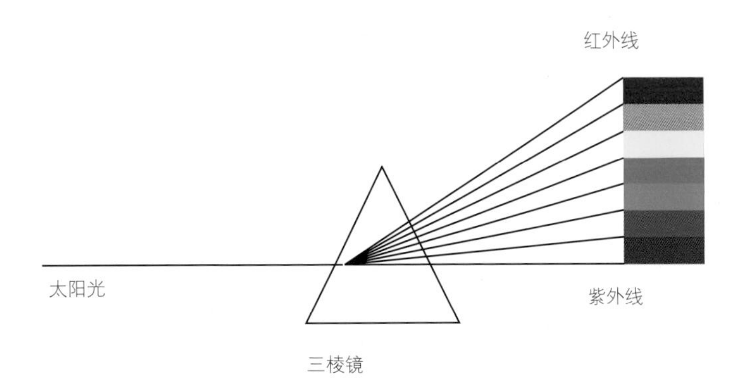

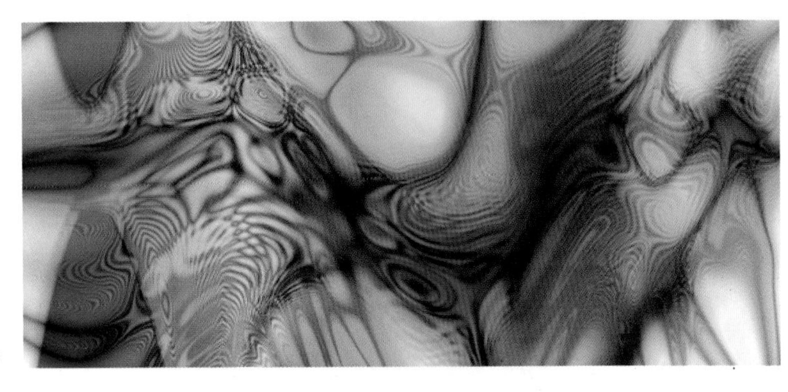

布赖恩·埃文斯 Brian Evans

2.色的要素——无色彩、色相、明度、纯度

(1)无色彩(Black & White)

因太阳光的反射或折射而产生知觉色，在没有光的情况下所有的物体都是由黑色、白色及黑白两色相融而成的各种深浅不同的灰色系列，即所谓的无色彩。在有着悠久历史的东方艺术中没有把事物的颜色如实地再现，而是在水墨画中只使用了黑色和白色，这也表现了东方人内敛含蓄的性格特点。

(2)色相(Hue)

色相是用红色、绿色、黄色等名字区分色的特性。在基本色：赤、黄、绿、青、紫，五种颜色间加两次色，调和出十种色相上的变化并用圆形排列叫色相环，周围的颜色叫类似色相，相反位置的颜色叫对比色相。

(3)明度(Value)

明度是指色彩的亮度或深浅程度。完全吸收光中黑色的明度是0、完全反射光中白色的明度是10，依次来表现色彩的明暗程度。同样原理，不同色相的明度高低也不同。

左/www.apple.com

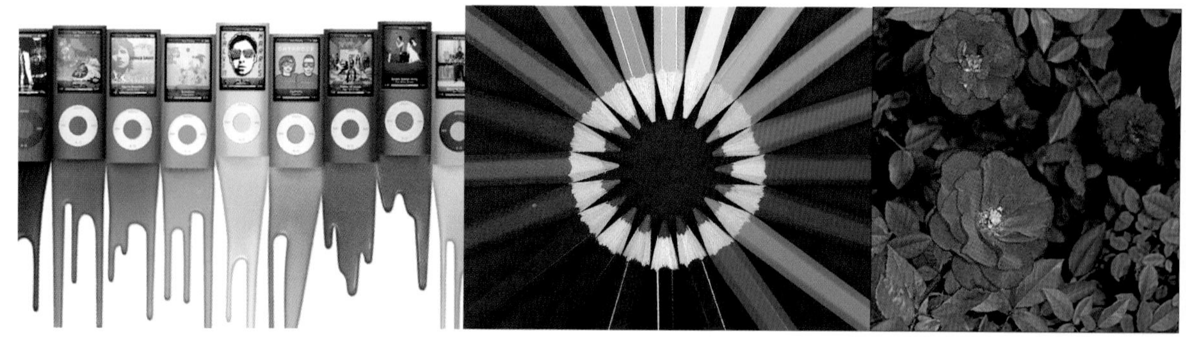

(4)纯度(Chroma)

纯度是用来表现色彩的鲜艳程度。无色彩的纯度是0，色彩越鲜艳，纯度对应数值越高。

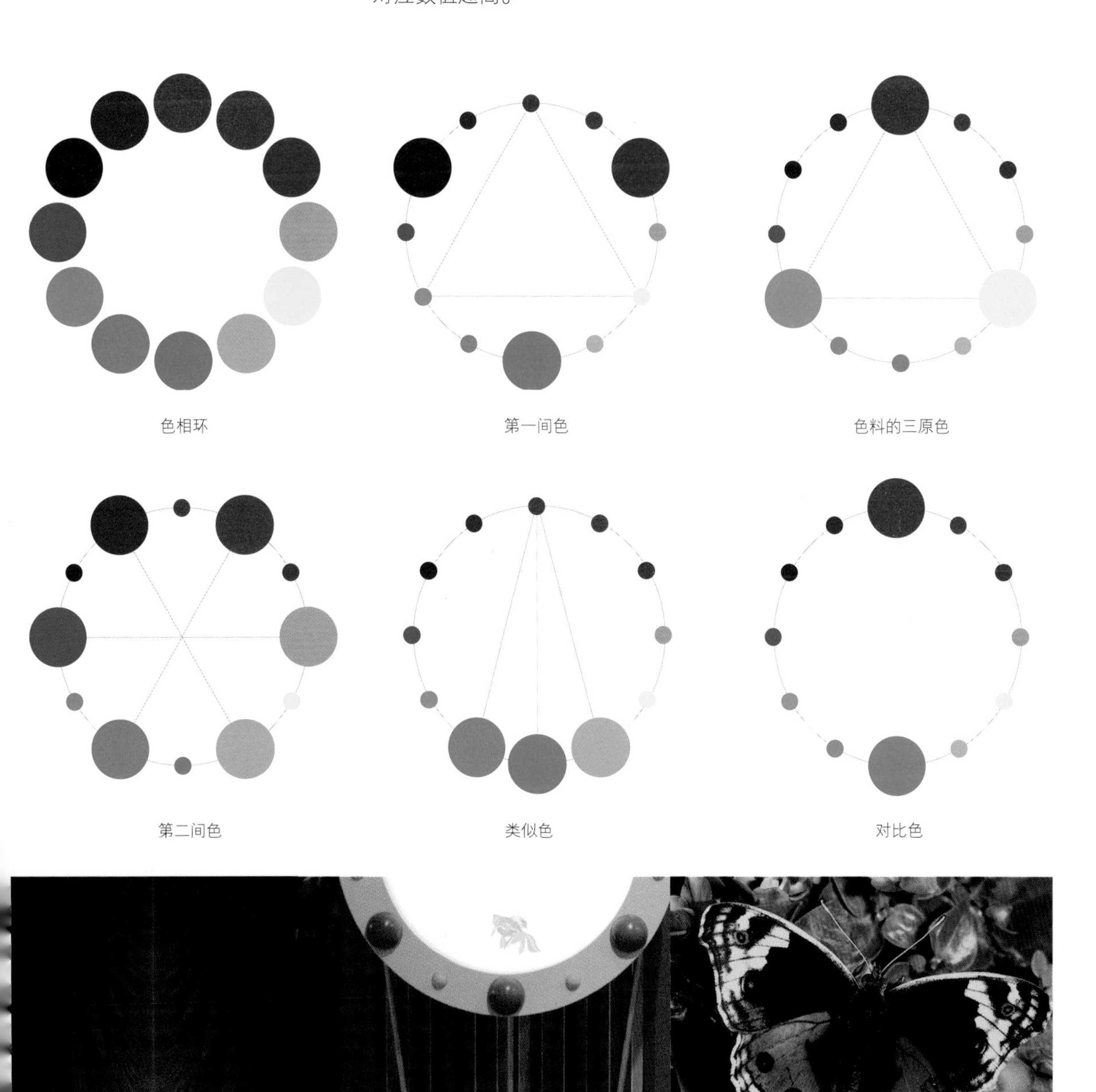

色相环　第一间色　色料的三原色

第二间色　类似色　对比色

练习主题

色的要素——无色彩和有色彩的色彩作品。

练习目的

通过电脑练习无色彩的明度阶段，与有色彩的色调阶段表现，让学生充分理解“色”的特征。

练习提示

为了使每一个色块具有整体感，画面中的正方形（49个）里无色彩的画面明度阶段里有10种阶段色要全部使用。

画面中的正方形（49个）里上色彩时需考虑上下左右周边颜色和整体的协调性。间隔的色块要具有美感。

练习步骤

无彩色是明度阶段10个阶段色以上，有色彩是不能使用同一个颜色，且考虑周边颜色摆放的协调性，可以多次调整。

练习数量

横15cm 、竖15cm 无色彩1张

横15cm、 竖15cm 有色彩1张

建议课时 4课时

使用软件 Adobe Illustrator

Tips

传统方法以前是一个个色块用颜料上色，需要投入大量的时间，但现在只需用鼠标点击上色即可，所以只需正确判断正方形面和周围色块的协调性，修改到满意为止。需要49种颜色，本人偏爱的颜色可以先登录在电脑里面，必要时可以随时使用。因为是相同的面积和数量，会使图片差距不大，但是因为选择的是自己偏爱的颜色，整体上图片色彩感觉会有很大的差别。

使用已有尺寸完成相同的正方形，但是在选择颜色上会有一些差异。黑白的明度阶层需要用十个阶层，所以会有比较相同的配色，但是由于个人的偏好度不同所以效果也有所不同。这个作品是一位女同学的作品，从其中能看出比较女性化的特征。

3. 色的知觉

(1) 色的知觉

光线根据波长被看作不同颜色的感觉认知现象叫做色的“知觉”。色的知觉是因人的情感、经验，环境和情绪不同对色彩而表现出的多样的心理现象，可分为色度学颜色视觉和心理颜色度视觉。前者包括色的肌理、色的温度、色的面积、色的位置等，后者包括色的协调、色彩的喜好、色彩的协调、色彩的情感、色彩的联想等。

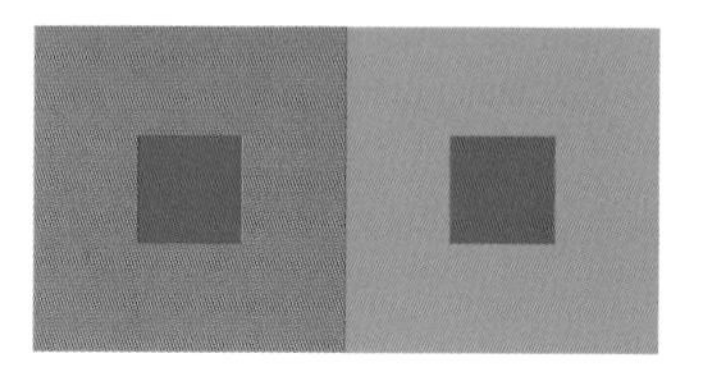

色相对比

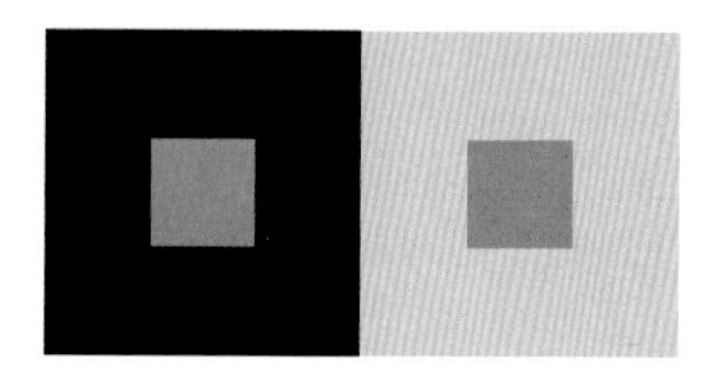

明度对比

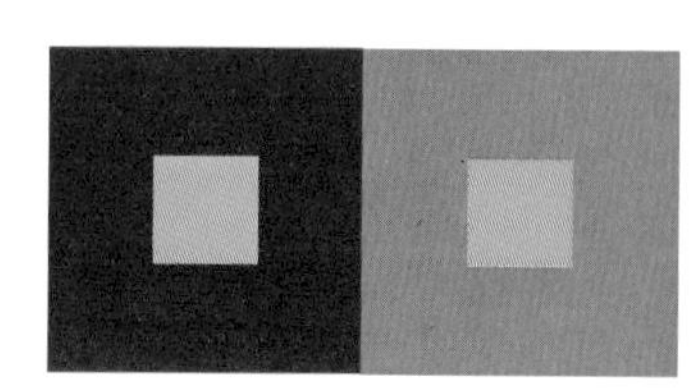

纯度对比

(2) 色的效果

色的效果里面有色的对比和色的同化。因受到周围的不同颜色影响而感觉出不同色效的现象叫色的“对比效果”，不同颜色因色相差异形成的对比叫“色相对比”，因明暗度差异形成的对比叫“明暗对比”，因纯度差异形成的对比叫“纯度对比”。

在背景为绿色的四边形里用亮的颜色，背景颜色也会觉得亮，反之用暗的颜色绿色背景会显得暗，这种现象叫做色的同化(Bezold)效果。

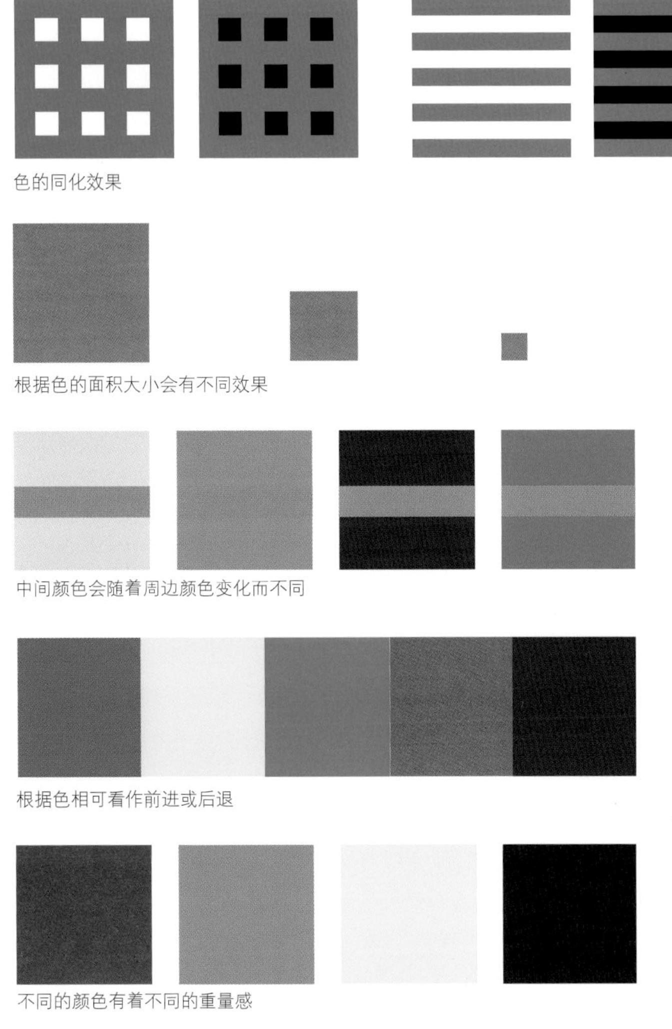
色的同化效果

根据色的面积大小会有不同效果

中间颜色会随着周边颜色变化而不同

根据色相可看作前进或后退

不同的颜色有着不同的重量感

图片来源自：www.donytny.pandromeda.com

练习主题

喜、怒、哀、乐的表现。

练习目的

学生利用电脑自己动手，通过配色来体验色的面积感和随之出现的周边的颜色变化使学生懂得，相同色系的颜色因面积大小的不同会使原来的颜色产生不同的现象。

练习提示

从本人选择的6种颜色中使用5种颜色表现喜、怒、哀、乐的图形。情感的表现时，即使是与心理现象相符的颜色也会因面积、周边颜色的变化而产生不同的心理现象。灵活运用这些要素来制作。

练习步骤

喜怒哀乐4种情感要区分画面来集中表现，且使用5种颜色来制作。

练习数量

横10cm 、竖10cm　喜、怒、哀、乐各1张

建议课时　4课时

使用软件　Adobe Illustrator

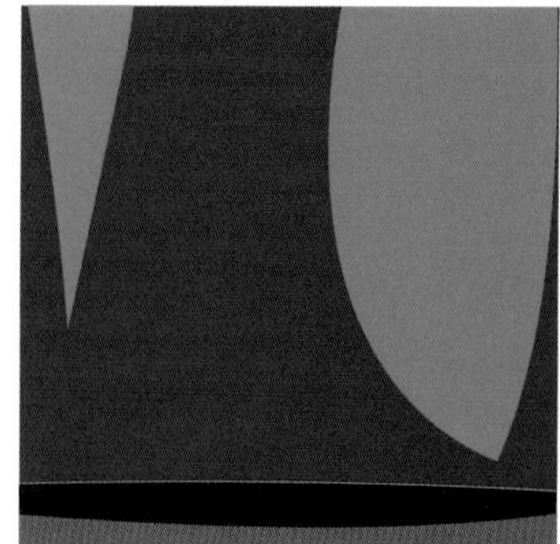

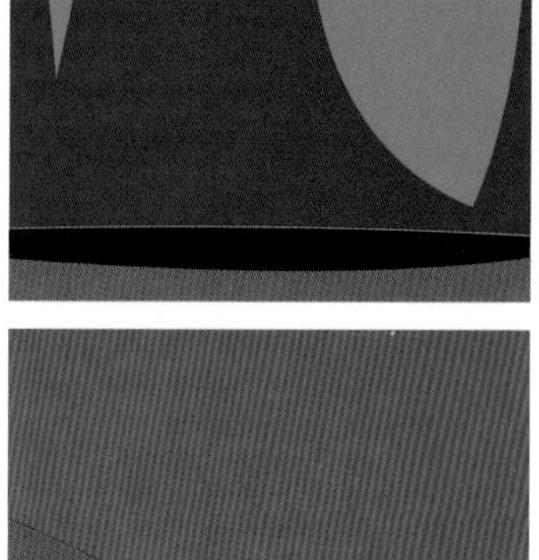

喜

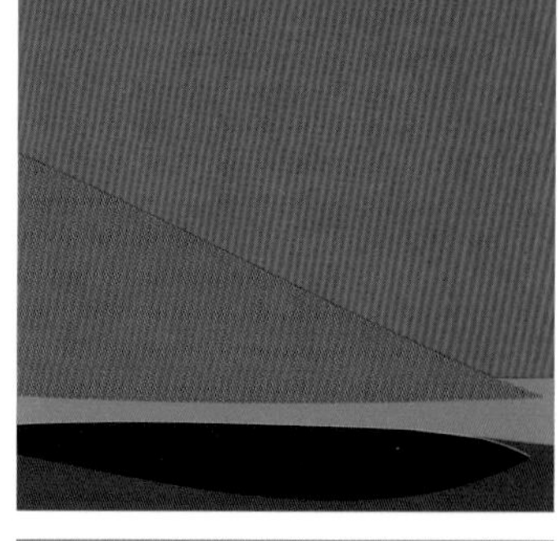

怒

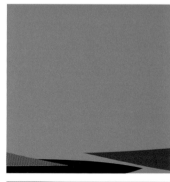

哀

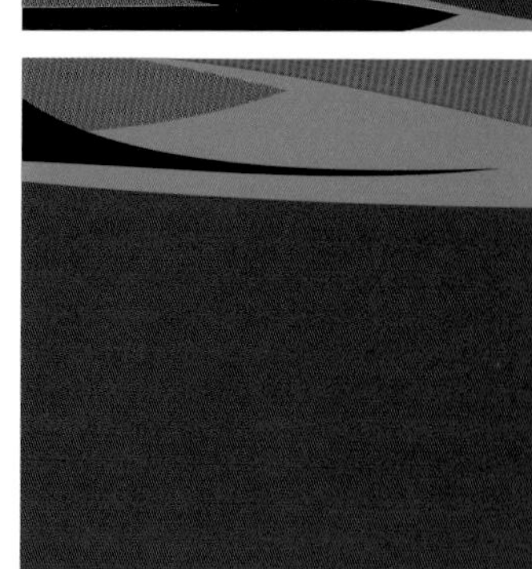

乐

Tips

色的“色彩感”在大众心理现象和个人心理现象中会有极大的不同。一般人说起苹果都会先想到红色，可有部分人也许会想到黑色。不管怎样的心理感觉，对于这些颜色的使用对画面的影响都要有充分的说服力。须按照5种色的配色和面积大小来说明喜、怒、哀、乐。

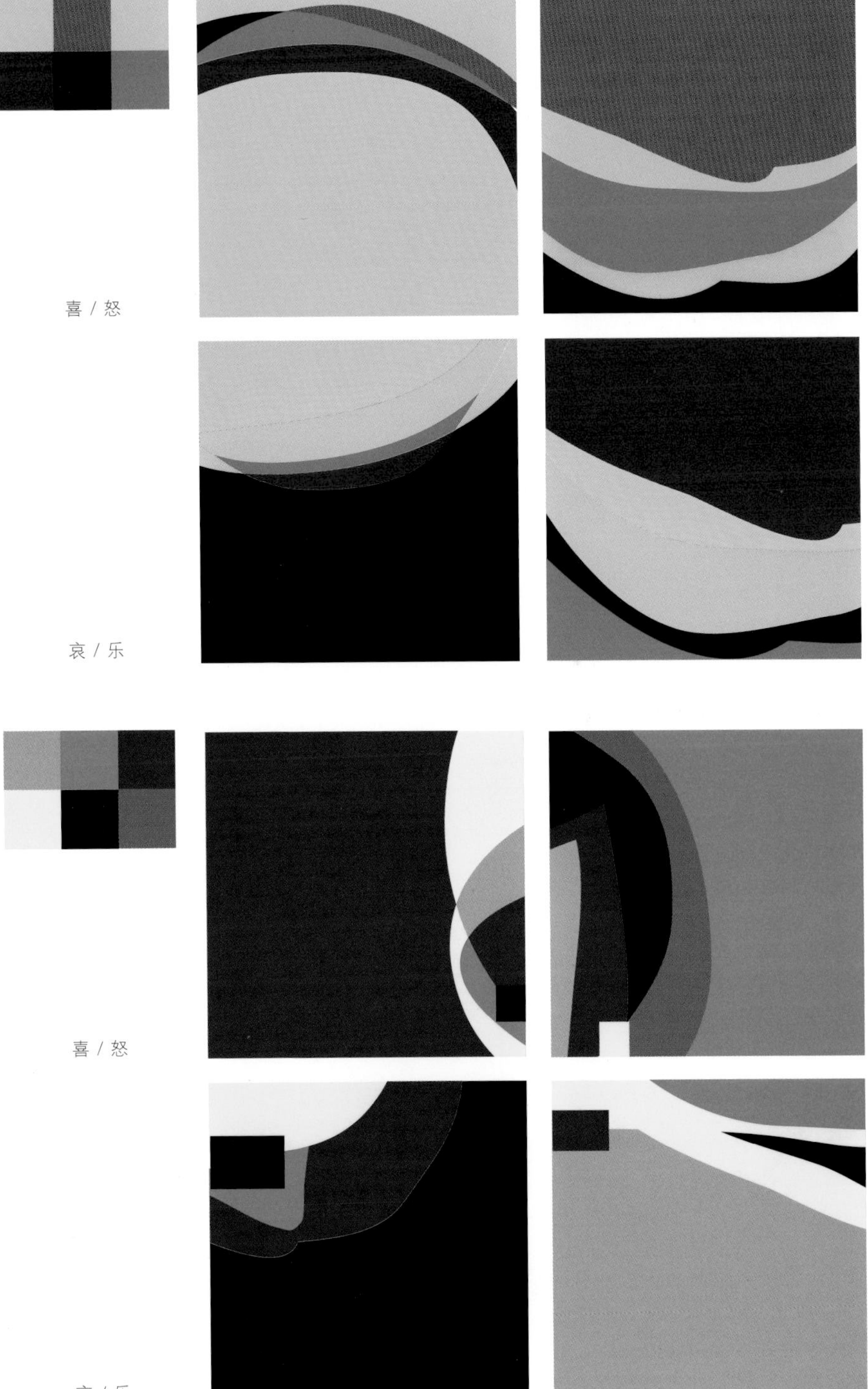
喜 / 怒
哀 / 乐
喜 / 怒
哀 / 乐

4. 色的混色

(1) 色的混色

采用合理的方法将不同的颜色混合在一起叫做“混色”。混色分为光的混色（相加混色）和色料的混色（相减混色）以及并置混色。色料混色可以用画家画画时以混合色料来表现，光的混色是通过用电脑数值选择需要的表现方法来实现。

(2) 减法混色、加法混色

色的混色有减法混色和加法混色，减法混色是越加越接近黑色，所以叫色料混色。印象派画家常用的点描法是运用的并置混色方法来表现事物。加法混色越加越接近白色，所以也叫光的混色，电视屏幕或电脑显示屏是运用光的混色来表现事物。

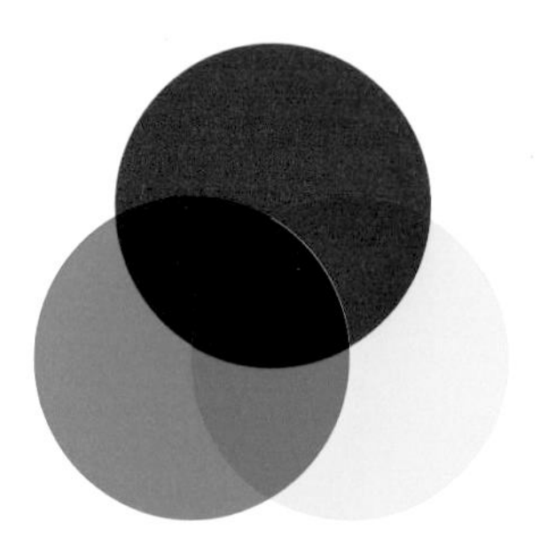

色料的三原色 / 减法混色

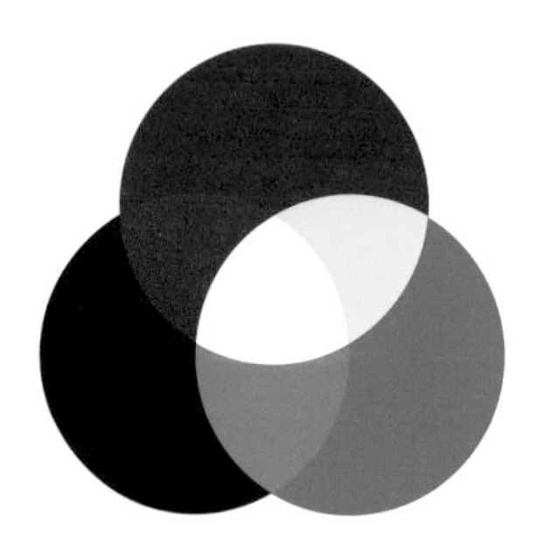

光的三原色 / 加法混色

练习主题

通过混色，表现色的透明感。

练习目的

使学生通过色彩重复叠加练习，充分理解色的视觉透明性，将来实际设计作品应用时这一环节很关键，要反复体验：为什么多次通过混色“色彩”视觉图形，依旧保持有透明的感觉。

练习提示

在指定的画面中，将无色彩利用10个色阶段的明度来表现透明感。在指定的画面中利用有色彩的5种基本原色（黄、赤、青、绿、黑）表现透明感。

练习步骤

形要自由表现，且要用相同的形制作黑白和彩色作品。

练习数量

横10cm、竖10cm 无色彩1张

横10cm、竖10cm 有色彩1张

建议课时 4课时

使用软件 Adobe Illustrator

Tips

因为是色的混色，可能会让读者误以为是在调色板中的混色。其实说的是在电脑中的视觉混色图形，透明度的表现在色彩的配色中起着重要作用。透明度需考虑色和色的混色，还有与周边颜色的协调性，需要多加练习。练习次数越多，色感度会越高。

透明感的表现是需要反复练习才能熟练的。以前是把颜色混合后再上色，这样的话会浪费很多不必要的时间，但是通过电脑手段的话，就可以短时间内得到修改，这样可以很快地熟练起来。这个作品无论在黑白的浓度表现和透明感的表现上都是比较不错的作品。

这个作品在黑白的浓淡和透明度的表现上比较不错的作品。像黑白的浓度表现那样，也在色彩的透明度上表现，效果就不会像现在那样弱了。

5. 色的配色

(1) 色的配色

为了达到使用色彩的目的与其功能一致的美化效果，实现两种以上的颜色相互协调叫做“配色”。色彩往往不是单独被感知，而是会受到周围环境颜色的影响，所以配色在色的使用中非常重要。配色是感性的，所以受个人喜好或观赏者的喜好影响。但为了好的配色效果，不能仅靠个人喜好，而是要按照使用目的来分析色彩的功能和其对心理的影响，我希望大家在今后的设计中尽量按照正确的色彩原理来合理配色。

色相协调

明度协调

纯度协调

(2) 色的协调原理

色的相互关系当中，“协调”是合理使用色的重要原则之一。色使用的环境或周围的颜色会使固有的颜色有着不同的视觉效果。让这些特征合理地排列就是协调，协调的基本原理有“三原色原理”、“类似性的原理”、“对比性的原理”。三原色配色是同一色相或同一基调（Tone）的协调，类似性配色是类似色相、类似基调的协调，对比性配色是对比色相和对比基调的协调。

左/Yuko Odawara
中/金钟琪
右/Baltal Lab

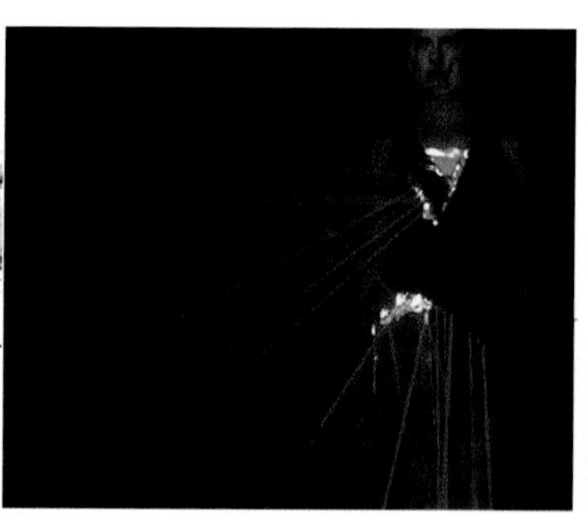

两种颜色配色

排列配色 / 三种颜色配色

四种颜色配色

为了强调大面积的主色加黑色配色

为了强调大面积的主色加黄色配色

中/Yuko Odawara
右/Cheyt Pyr

练习主题

通过配色协调色彩。

练习目的

色的面积不同原色持有的色感会有变化，这种现象学生要通过2种颜色、3种颜色、4种颜色的配色来体验。由此来理解和懂得按照色的配色划分出的“主色”和“补助色”，按照色的面积和周边颜色不同会产生不同的图形。

练习提示

选择自己偏爱的6种颜色，用这些颜色在指定的画面上用2种颜色配色、3种颜色配色、4种颜色配色，从而产生配出协调并具美感的颜色。

练习步骤

首先将偏爱的颜色区分出“主色”和“补助色”，按照主色和补助色的视觉图形效果来正确分割各自所占面积。

练习数量

选择6种颜色(小的正方形)

分别进行2种颜色配色，3种颜色配色，4种颜色配色各3张

建议课时　4课时

使用软件　Adobe Illustrator

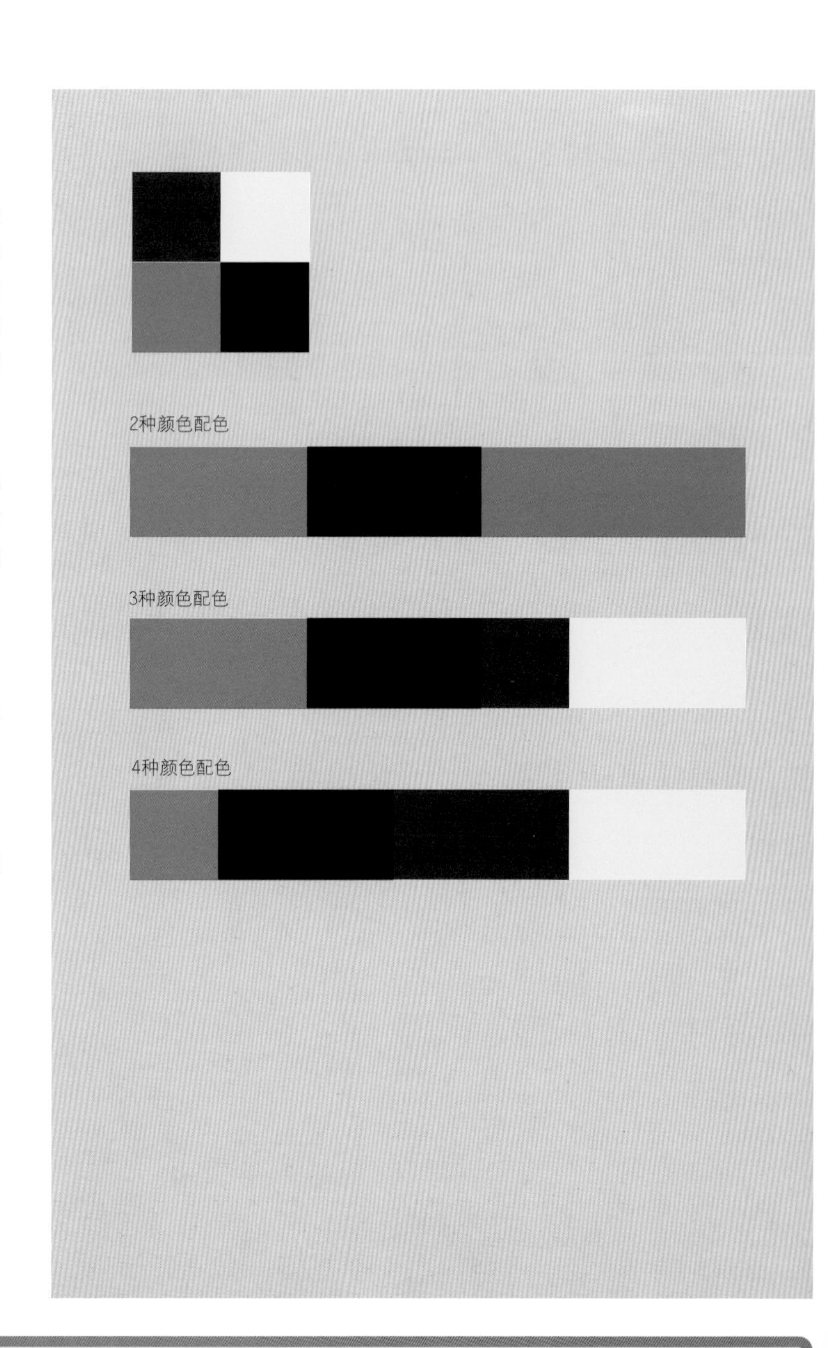

Tips

即使是自己偏爱的颜色，也会按照2种颜色配色、3种颜色配色、4种颜色配色，所产生的效果不同。色也会因周边颜色变化而产生不同的效果，所以配色这一环节非常重要。配色时要考虑好自己选择哪个颜色为主色，哪个颜色为补助色。按照主色和补助色的设定要适当调节颜色的明度，直到自己满意为止。

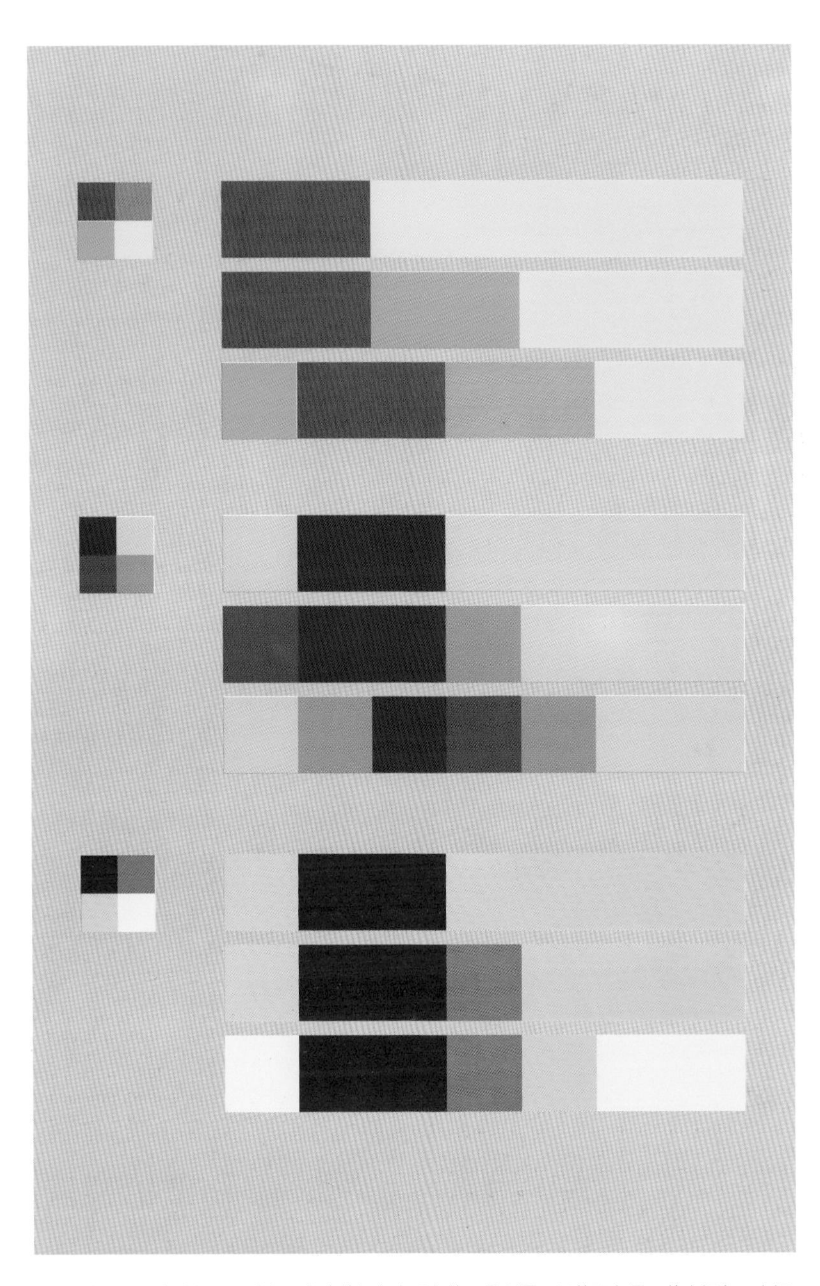

这个作业是大家选择用四种自己喜欢的颜色来配色的。最上面一组的配色是用的中间色，中间一组的配色是冷色配色，最下面一组的是暖色配色。即使是自己偏好的颜色，学会区分主色和辅助颜色也是很重要的，特别是在信息设计上颜色的排列方面。

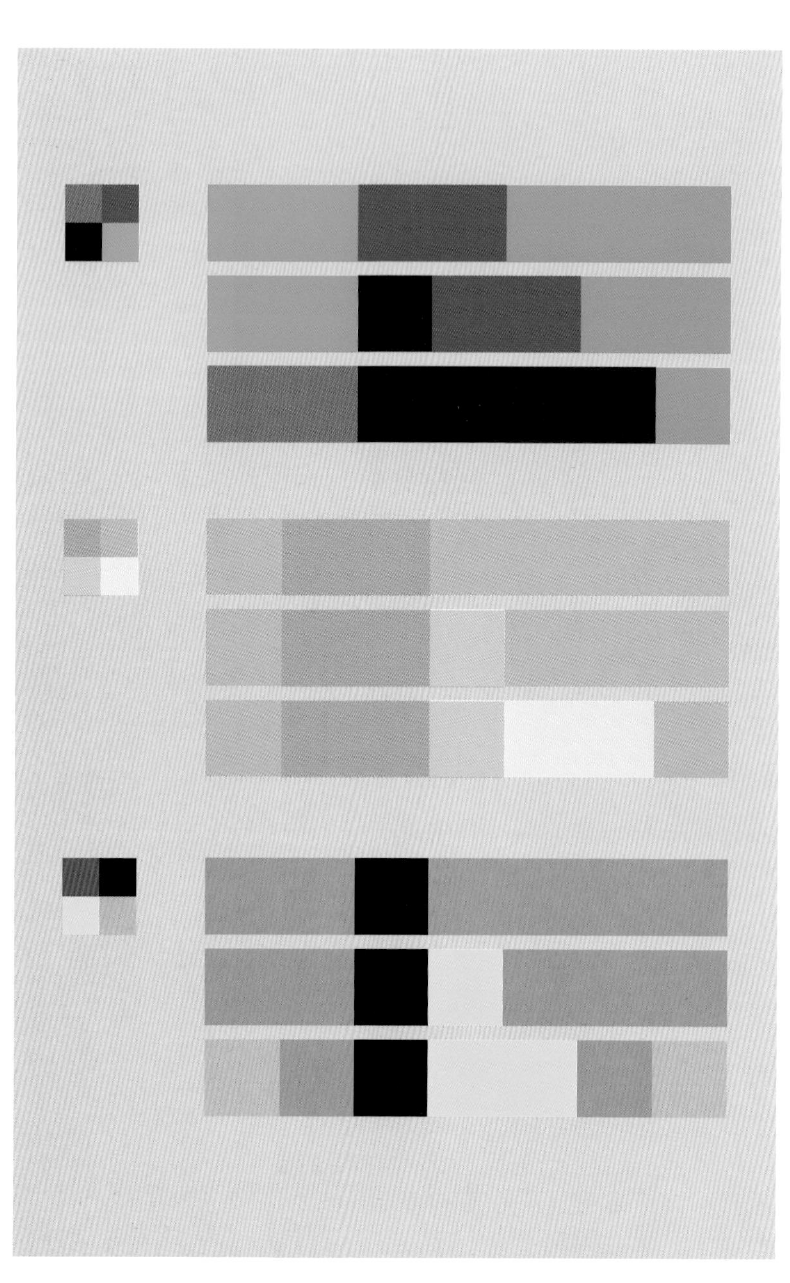

配色因个人的喜好不同而会有一些差异，上面的上中下三组作品都有自己的特色，各有不同的色彩趋向。如果你想锻炼一下对颜色的感觉，可以用自己不常用的颜色与自己偏好的颜色融合的方式来练习。

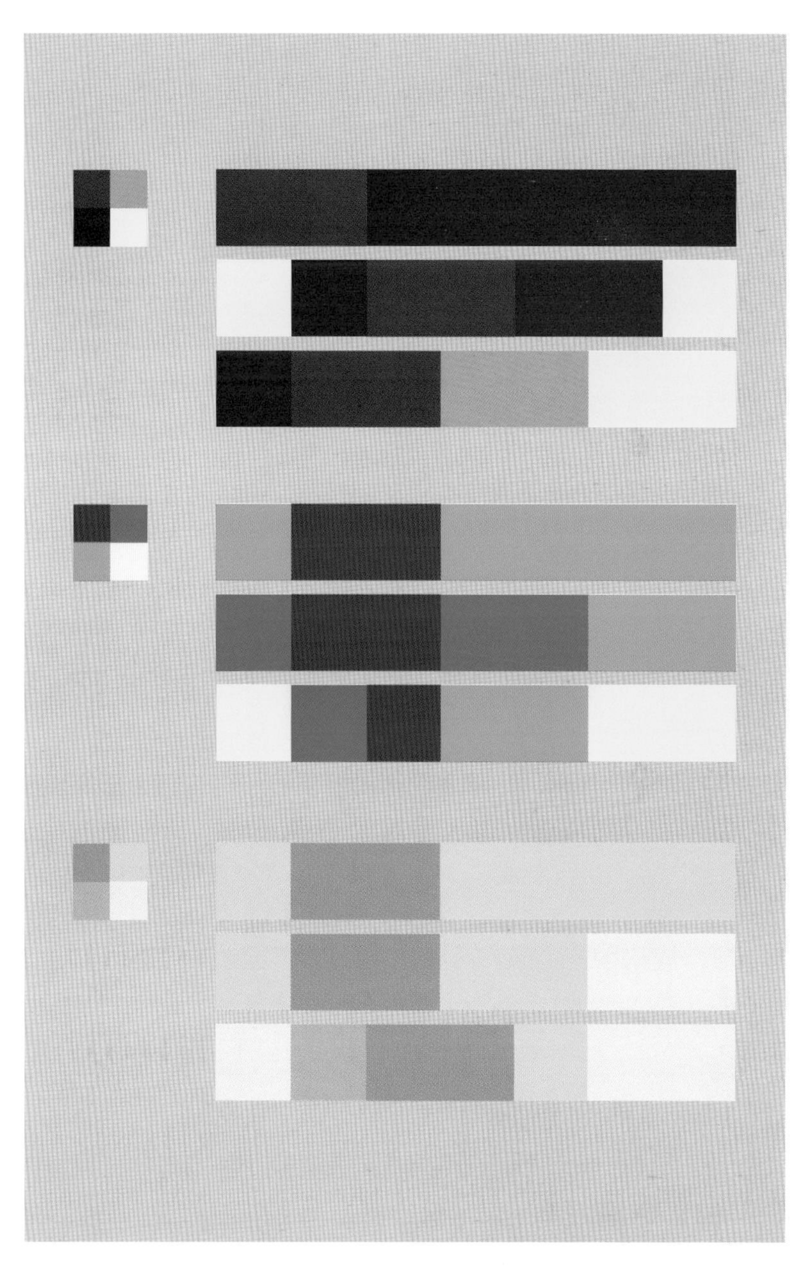

配色因个人的喜好不同而会有一些差异，上面的上中下三个作品都有自己的特色，各有不同的趋向。如果你想锻炼一下对颜色的感觉的时候，可以用自己不常用的颜色和自己偏好的颜色来调和的方式来练习。

6. 色的相互作用

(1) 色的相互作用

色与形、动、文、音具有相互结合的关系。如在无意义的“形”中加上“色”可以表现一种性格，“形”中添加“动”和“音”制作形成，按照色的相互的作用可以变化成各种样子。所以即使无意义的形在有序排列以后也可以形成质感或纹样。在这里添加颜色，可以形成连续纹样，连续纹样在我们现实生活中应用很广泛。

(2) 连续纹样

按照一定的间距连续排列成为连续纹样。排列方法有2方、4方、8方排序，下面的图片是按照左边的小图片，用不同的摆置方法排序出的连续纹样。纹样按照色彩整体的形象会变化。即使是单纯的形，连续排序会形成多种形态；即使是同样的形态，也会按照色彩感受到不同的变化。

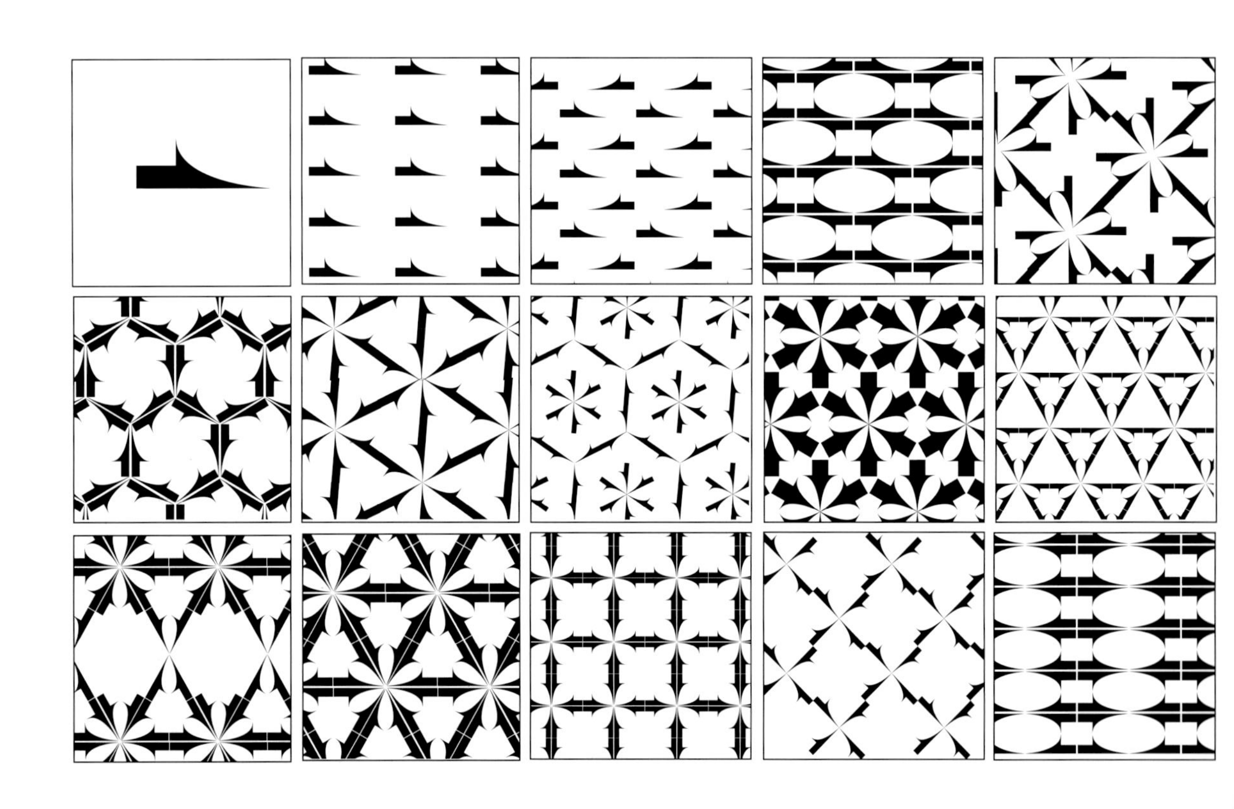

练习主题

色的相互作用——形、形的排列、色彩、纹样。

练习目的

让学生学习用单纯的“形”按照排列的方法、加上色彩的变化，从而懂得万事万物是如何由“简单”可以变化到“多样化”这样一个衍变过程。

练习提示

使用单纯的形态进行多种方法排列。几个单纯的形态复合的排列会使画面变得复杂，但能表现多种图形。排列方法是参考教科书进行排列。黑白3张中选择1张进行多种色彩变化。

练习步骤

基本形既要单纯，也要多使用曲线，着色时可以使用同一个作品但根据使用不同按照色彩做成完全不同的图形。

练习数量

横10cm、竖10cm 画面中黑白排列3张

横10cm、竖10cm 画面中彩色排列（黑白1张，彩色3张）

建议课时 4课时

使用软件 Adobe Illustrator

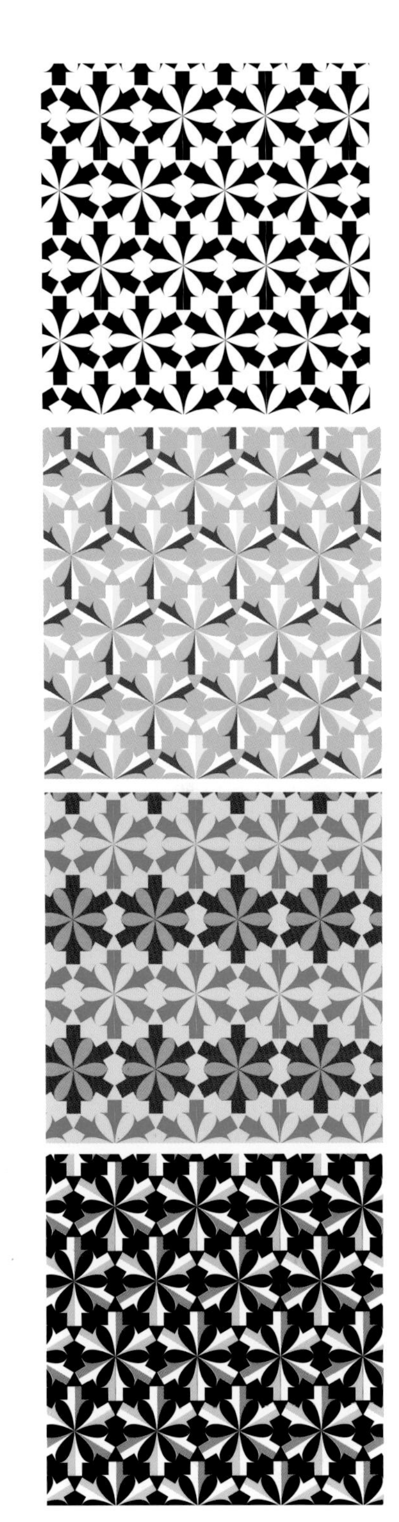

Tips

模板上使用的配色按照色相会有完全不同的效果。同色配色、补助色配色、中间配色等多种配色在模板上的用途各不同。作业的目的在于各自配出完全不同效果的作品。

背景和模板互换着上色，会对整个图形的结果产生变化。

采用相同的纹样，不同的色彩搭配形成的图案样式，视觉上易产生错觉，以下几组都是以这种方式表现的纹样。

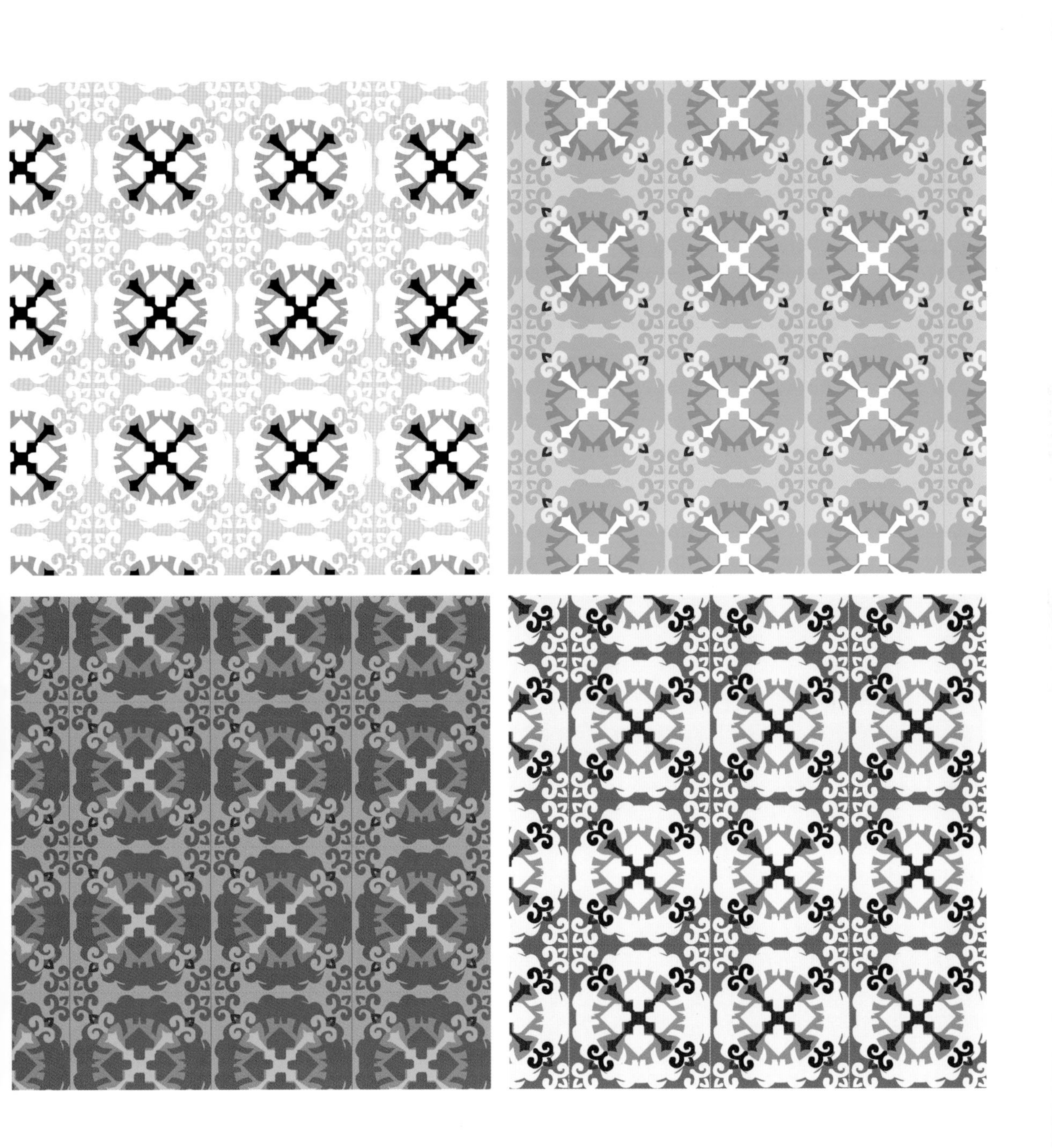

形
动
色
文
音

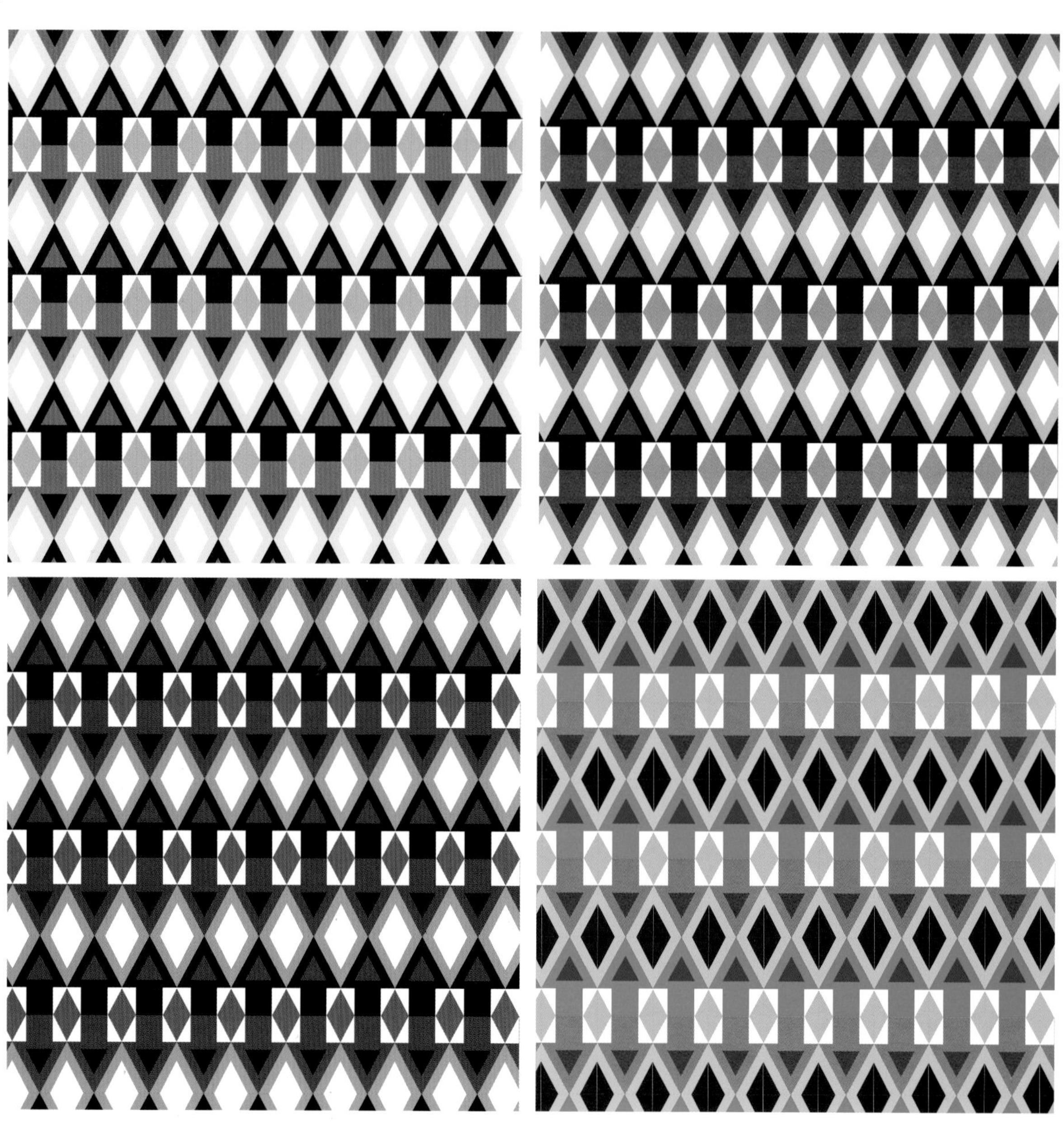

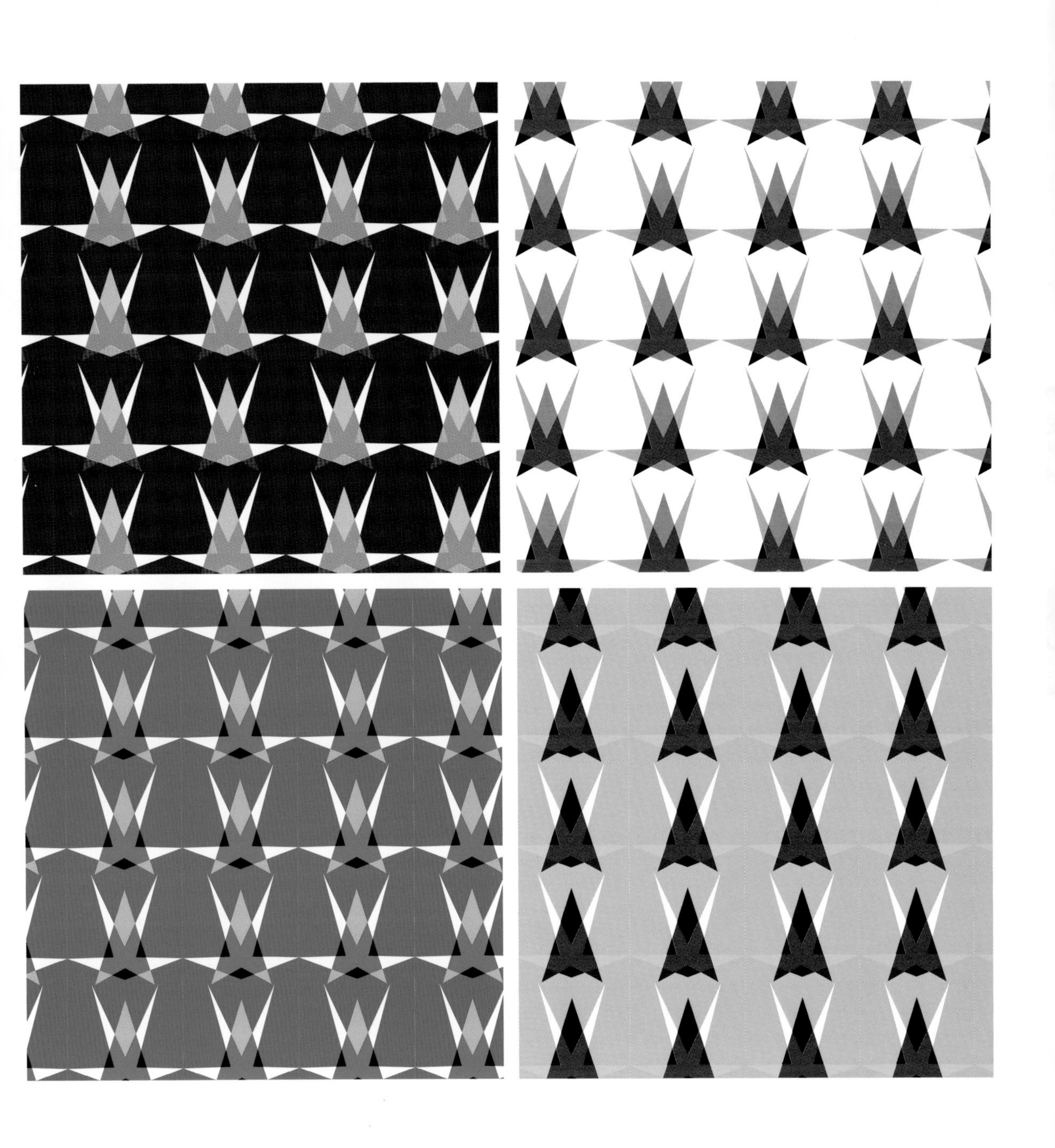

7. 数字(Digital)表色系

(1)表色系

为了定量地表示色，定义其原则的是“表色系”。色的表色随着时代、文化的差异而不同，具有代表性的表色系是1905年阿尔贝·孟塞尔(Albert H.Munsell:1858-1918)创造发明的孟塞尔表色系，他定义了色的色相、明度、纯度。

(2)数字色彩

视觉能区分的色有300多种，电脑机械的生成颜色由R255阶段、B255阶段、G255阶段组合，共可以表现16777216色。

(3)RGB

RGB是在电脑显示屏或电视屏幕中表现的色，RGB(Red,Green,Blue)各个数值越高越接近白色，反之会接近黑色。

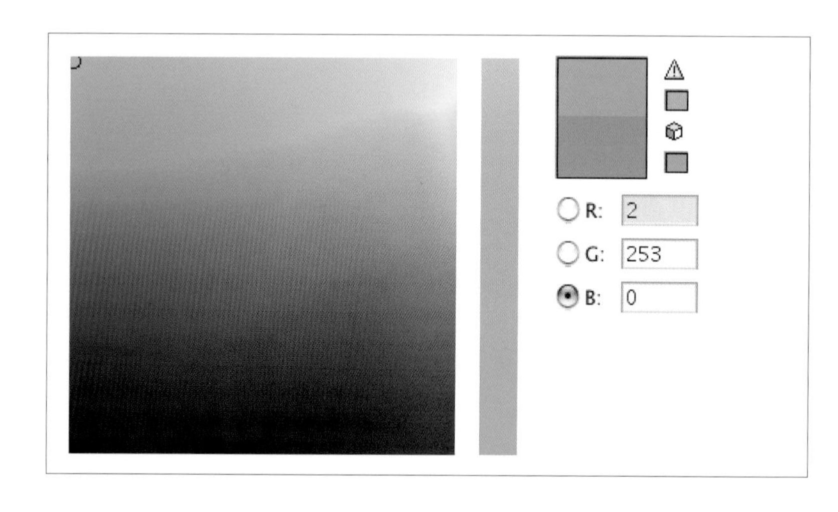

(4) CMYK

打印时表示的色，CMYK(Cyan, Magenta, Yellow, Black)数值越高越接近黑色，反之接近白色。

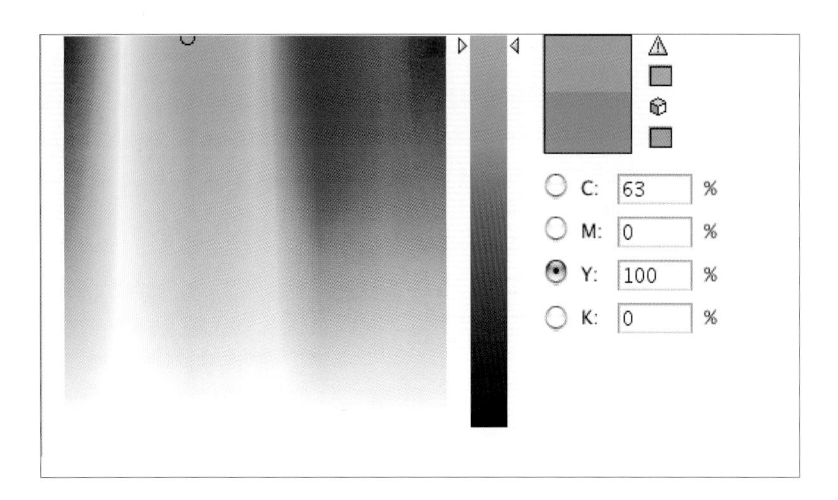

(5) Web

因使用者的电脑环境表色系有限制，Web模式就是把图像限制成不超过216种颜色,这样无论在何种环境中都可以正确再现Web画面颜色。

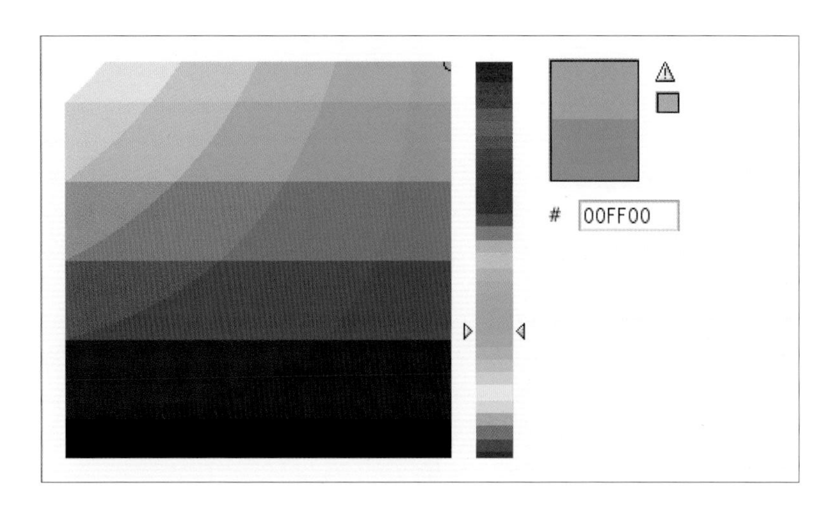

第四章

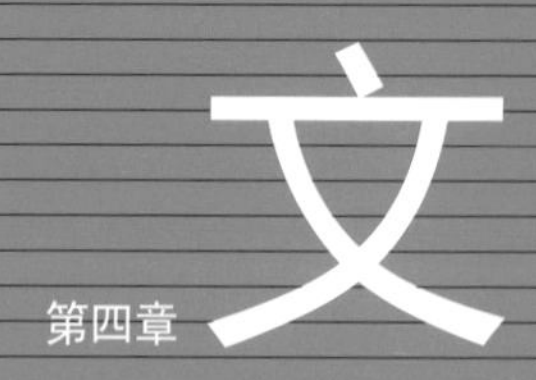

王羲之(303-361) 东晋书法家
作品《丧乱帖》局部

1. 文和文字

文是楔形文、象形文、甲骨文、图文等，包括象形文字体系以前的语言和象形文字体系以后的视觉语言。文是把以声音表现的人的情感或想法按规定的记号再现的视觉语言，狭义地讲就是人类记录信息的书面符号，广义地讲是通过视觉符号相互交流的工具。

文字是可以正确记录想法和感觉的正式的记号或象征体系。人类存在的数万年期间一直是通过线条、记号、图画作为交流的手段，是为了记录时代历史事件需要而创造。从公元前3000年左右的美索不达米亚楔形文字开始，两千年前地球上的各个地区已存在多种文字，100多种语言已经有了文字体系。

公元前4000年，维罗克大神殿遗址出土的土砖石为最初的文字记录。

Nicolas Alexander
招贴设计
图片来源自：www.goodmorningstranger.com

2.文的要素——声音记号、形文、象征

(1) 声音记号

声音记号是为了把语言用视觉表现而使用的文字。声音记号不是单独存在的，而是体现与其他记号的差异来表现这个记号的意思，按照时代和文化的差异表现多样化。拥有固有的文字象征一个国家的文化，使用同种语言和文字是意味着文化的同质性。

(2) 形文(Font)

文字的形态随文化的衍变、时代的变迁、各时期的艺术思潮、活字制作技术的发展逐渐演化为多种形态。现在的文字可以通过电脑轻松制作多种形态，这些被设计出来的外观不同文字体系叫字体。文字的基本字体里面有装饰型的，如明朝体和没有装饰型的，如黑体；除了基本字体以外还有设计的装饰体，装饰体是以多种形象来表现的字体。

多媒体设计
多媒体设计
MULTIMEDIA DESIGN
MULTIMEDIA DESIGN
multimedia design
multimedia design

右/Gunness

abcdefghijklmnopqrstuvwxyz
abcdefghijklmnopqrstuvwxyz
abcdefghijklmnopqrstuvwxyz
abcdefghijklmnopqrstuvwxyz
abcdefghijklmnopqrstuvwxyz
abcdefghijklmnopqrstuvwxyz
abcdefghijklmnopqrstuvwxyz
abcdefghijklmnopqrstuvwxyz
abcdefghijklmnopqrstuvwxyz
abcdefghijklmnopqrstuvwxyz
abcdefghijklmnopqrstuvwxyz

(3) 象征 (Pictogram, Icon, Interface)

为了更方便地传达信息，代替文字的象征性标志或象征性图像。以图形的形式来表示信息的叫图形文字，其表现形式有描述对象的外观或形态的图式记号，表现对象的行为意义的图式记号，还有不形象又不图式的抽象记号。如图形文字里面有向导公共建筑的公共标识，为了道路安全的交通标识、危险标识等。另外还有便于手机、数码相机、办公用品的操作的按钮标识，为了计算机环境中软件跟硬件的区分方便使用而开发的用户界面(Interface)等等。

中/Svetoslav Simov
右/Ivana Motinovic

练习主题

文的要素——象征文字的意义。

练习目的

如何使文字的意义更加视觉化，学生学会使用与文字相对应的造型要素。练习用造型代替文字设计成为传达信息的按钮。

练习提示

提供的12个单词用单纯的形态造型化，并且外形型要保持整体，还有表现方法要统一。

练习步骤

首先选择一些词组，将词意图形化使用同样的方法，维持一贯性来制作。

练习数量

横10cm、竖10cm　画面中1个单词1个形态

12个文字12个形态制作

建议课时　4课时

使用软件　Adobe Illustrator

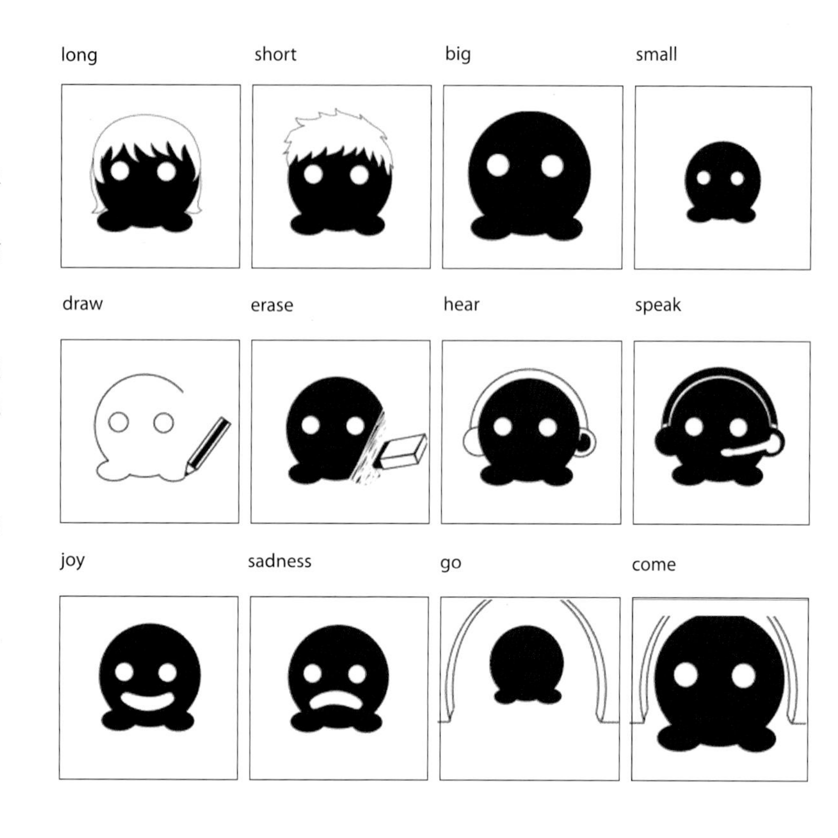

Tips

文字的意思转换成视觉化作品，需要大量的训练。为了创造出含蓄的形态，大家要通过大量的素描练习掌握整体感，之后再创造出风格统一的形态。还有一种方法是先确定一个自己喜欢的“形态”再找出可以对应连接的单词，或是先选择文字后确定素描形态的方法。

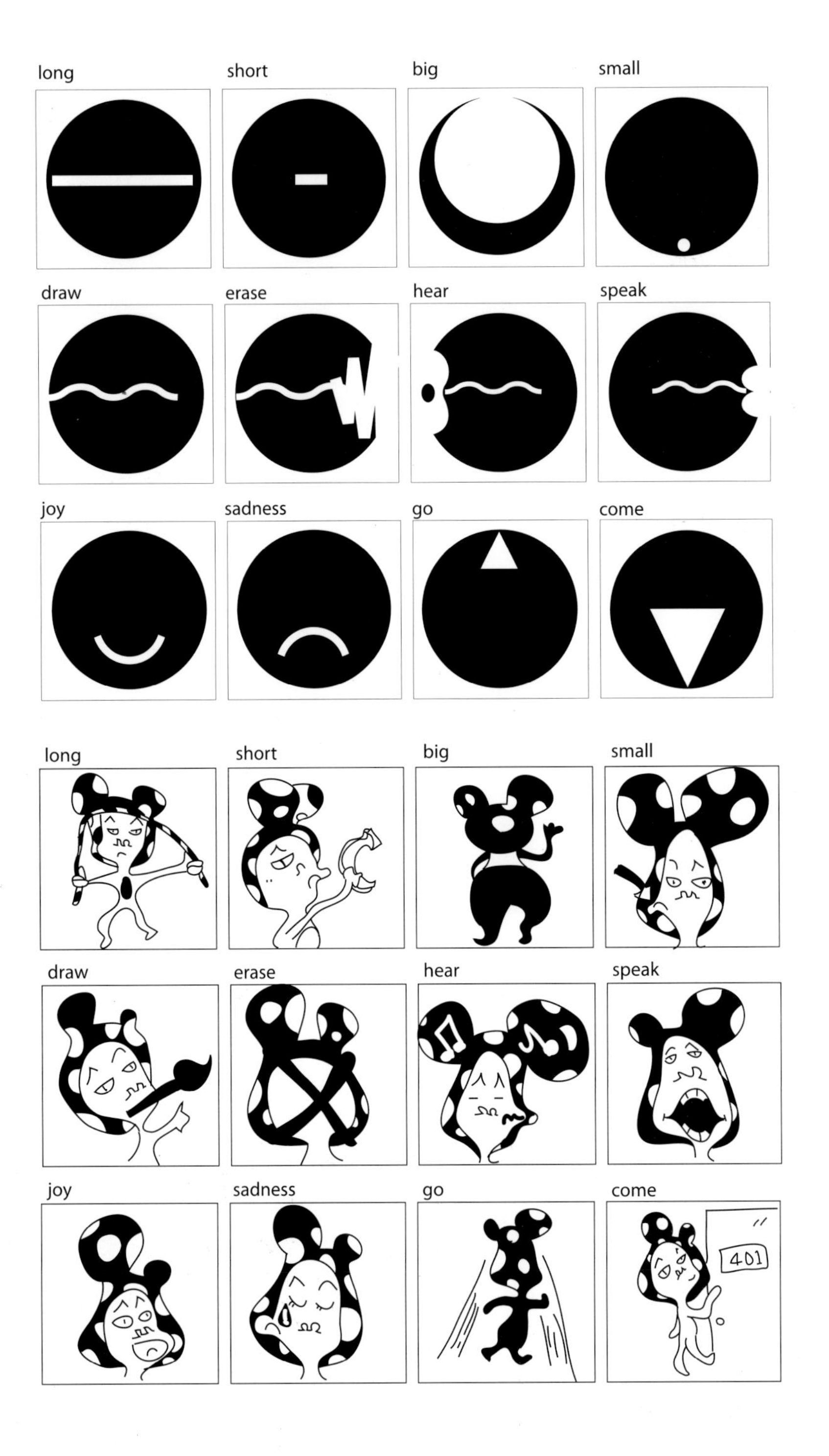
long
short
big
small
draw
erase
hear
speak
joy
sadness
go
come
long
short
big
small
draw
erase
hear
speak
joy
sadness
go
come
401

Alberto Seveso
图片来源自：www.lostatementeminor.com

3.文的知觉

(1) 文的知觉

文字的知觉不是单纯地组合每个单词的辞典意思来解析的，而是因读者的知识体系或环境而不同，其中还包括读者各自的推断解析过程。尤其汉字中有图形文字、表意文字、表音文字，在文字中最具特征。在书法里面用文字形态可以表现出绘画效果，文字形态、意味、大小、顺序、间距不同，所体现出的视觉、美感要素就会不同。这是因为所使用的文字的特性不同，从中得到的感觉也会不同。

(2) 文字的可读性

文字的可读性是研究如何使文字易认、易读且具有美感，在报纸、杂志等印刷品和电脑显示屏中可以体现的所有内容都要重视可读性。为了提高文字的可读性可以使用网格(Grid)，网格是设计师为了达到某种目的所制作的一定规格的线。作曲家为了作曲使用的五线谱或建筑师做建筑设计基本构想时使用的方向线也是网格的一种。设计书或杂志时，为了文章或图片的结构化或者是为了视觉上的美观、保持合适的页边距等而使用网格。

Ben Fry,U.S.A
图片来源自：www.benfry.com

练习主题

运用文字创作编排可读性的个人介绍。

练习目的

文字的可读性是获得信息的重要因素，学生通过这次学习体验随着文章内容的字体、大小、行间距、字间的配置排版会产生不同的变化。

练习提示

给定的文字信息在规定的面积上考虑字体、字间、行间距来设计配置排版，要运用便于获取信息的可读性，使信息让读者一眼看出且易于理解，还有要满足视觉上的美观。

练习步骤

规定的面积可以自由运用，字体尽量用电脑里面原有的字体。

练习数量

横297cm、竖210cm A4上制作

建议课时 4课时

使用软件 Adobe Illustrator

Tips

掌握文章的整体内容之后要凸出哪一部分表现是重点。按照重点表现的要素设计会有所变化。按照字体的形态、大小、行间距、字间距、配置的不同视觉效果也会产生变化。

Leonardo da Vinci

Leonardo di ser Piero da Vinci (pronunciation April 15, 1452 – May 2, 1519) was an Italian polymath, scientist, mathematician, engineer, inventor, anatomist, painter, sculptor, architect, botanist, musician and writer. Leonardo has often been described as the archetype of the renaissance man, a man whose unquenchable curiosity was equaled only by his powers of invention.

Paintings

Among the works created by Leonardo in the 1500s is the small portrait known as the Mona Lisa or "la Gioconda", the laughing one. The painting is famous, in particular, for the elusive smile on the woman's face, its mysterious quality brought about perhaps by the fact that the artist has subtly shadowed the corners of the mouth and eyes so that the exact nature of the smile cannot be determined.

Journals

Renaissance humanism saw no mutually exclusive polarities between the sciences and the arts, and Leonardo's studies in science and engineering are as impressive and innovative as his artistic work, recorded in notebooks comprising some 13,000 pages of notes and drawings, which fuse art and natural philosophy.

Scientific

Leonardo's approach to science was an observational one: he tried to understand a phenomenon by describing and depicting it in utmost detail, and did not emphasize experiments or theoretical explanation. Since he lacked formal education in Latin and mathematics, contemporary scholars mostly ignored Leonardo the scientist, although he did teach himself Latin.

Anatomy

Leonardo's formal training in the anatomy of the human body began with his apprenticeship to Andrea del Verrocchio, his teacher insisting that all his pupils learn anatomy. As an artist, he quickly became master of topographic anatomy, drawing many studies of muscles, tendons and other visible anatomical features.

Engineering

During his lifetime Leonardo was valued as an engineer. In a letter to Ludovico il Moro he claimed to be able to create all sorts of machines both for the protection of a city and for siege. When he fled to Venice in 1499 he found employment as an engineer and devised a system of moveable barricades to protect the city from attack.

Leonardo di ser Piero da Vinci (pronunciation April 15, 1452 – May 2, 1519) was an
Italian polymath
scientist
mathematician
engineer
inventor
anatomist
painter
sculptor
architect
botanist
musician and writer.
Leonardo has often been described
as the archetype of the renaissance man, a man whose unquenchable curiosity was equaled only by his powers of invention.

Leonardo da Vinci

Paintings

Among the works created by Leonardo in the 1500s is the small portrait known as the Mona Lisa or "la Gioconda", the laughing one. The painting is famous, in particular, for the elusive smile on the woman's face, its mysterious quality brought about perhaps by the fact that the artist has subtly shadowed the corners of the mouth and eyes so that the exact nature of the smile cannot be determined.

Journals

Leonardo's approach to science was an observational one: he tried to understand a phenomenon by describing and depicting it in utmost detail, and did not emphasize experiments or theoretical explanation. Since he lacked formal education in Latin and mathematics, contemporary scholars mostly ignored Leonardo the scientist, although he did teach himself Latin.

Scientific

Renaissance humanism saw no mutually exclusive polarities between the sciences and the arts, and Leonardo's studies in science and engineering are as impressive and innovative as his artistic work, recorded in notebooks comprising some 13,000 pages of notes and drawings,
which fuse art and natural philosophy.

Anatomy

Leonardo's formal training in the anatomy of the human body began with his apprenticeship to Andrea del Verrocchio, his teacher insisting that all his pupils learn anatomy. As an artist, he quickly became master of topographic anatomy, drawing many studies of muscles, tendons and other visible anatomical features.

Engineering

During his lifetime Leonardo was valued as an engineer. In a letter to Ludovico il Moro he claimed to be able to create all sorts of machines both for the protection of a city and for siege. When he fled to Venice in 1499 he found employment as an engineer and devised a system of moveable barricades to protect the city from attack.

Leonardo da Vinci

Leonardo da Vinci

Leonardo di ser Piero da Vinci (pronunciation April 15, 1452 – May 2, 1519) was an Italian polymath, scientist, mathematician, engineer, inventor, anatomist, painter, sculptor, architect, botanist, musician and writer. Leonardo has often been described as the archetype of the renaissance man, a man whose unquenchable curiosity was equaled only by his powers of invention.

Paintings

Among the works created by Leonardo in the 1500s is the small portrait known as the Mona Lisa or "la Gioconda", the laughing one. The painting is famous, in particular, for the elusive smile on the woman's face, its mysterious quality brought about perhaps by the fact that the artist has subtly shadowed the corners of the mouth and eyes so that the exact nature of the smile cannot be determined.

Journals

Renaissance humanism saw no mutually exclusive polarities between the sciences and the arts, and Leonardo's studies in science and engineering are as impressive and innovative as his artistic work, recorded in notebooks comprising some 13,000 pages of notes and drawings, which fuse art and natural philosophy.

Scientific

Leonardo's approach to science was an observational one: he tried to understand a phenomenon by describing and depicting it in utmost detail, and did not emphasize experiments or theoretical explanation. Since he lacked formal education in Latin and mathematics, contemporary scholars mostly ignored Leonardo the scientist, although he did teach himself Latin.

Anatomy

Leonardo's formal training in the anatomy of the human body began with his apprenticeship to Andrea del Verrocchio, his teacher insisting that all his pupils learn anatomy. As an artist, he quickly became master of topographic anatomy, drawing many studies of muscles, tendons and other visible anatomical features.

Engineering

During his lifetime Leonardo was valued as an engineer. In a letter to Ludovico il Moro he claimed to be able to create all sorts of machines both for the protection of a city and for siege. When he fled to Venice in 1499 he found employment as an engineer and devised a system of moveable barricades to protect the city from attack.

Leonardo da Vinci

Leonardo di ser Piero da Vinci (pronunciation April 15, 1452 – May 2, 1519) was an Italian polymath, scientist, mathematician, engineer, inventor, anatomist, painter, sculptor, architect, botanist, musician and writer. Leonardo has often been described as the archetype of the renaissance man, a man whose unquenchable curiosity was equaled only by his powers of invention.

Paintings

Among the works created by Leonardo in the 1500s is the small portrait known as the Mona Lisa or "la Gioconda", the laughing one. The painting is famous, in particular, for the elusive smile on the woman's face, its mysterious quality brought about perhaps by the fact that the artist has subtly shadowed the corners of the mouth and eyes so that the exact nature of the smile cannot be determined.

Journals

Renaissance humanism saw no mutually exclusive polarities between the sciences and the arts, and Leonardo's studies in science and engineering are as impressive and innovative as his artistic work, recorded in notebooks comprising some 13,000 pages of notes and drawings, which fuse art and natural philosophy.

Scientific

Leonardo's approach to science was an observational one: he tried to understand a phenomenon by describing and depicting it in utmost detail, and did not emphasize experiments or theoretical explanation. Since he lacked formal education in Latin and mathematics, contemporary scholars mostly ignored Leonardo the scientist, although he did teach himself Latin.

Anatomy

Leonardo's formal training in the anatomy of the human body began with his apprenticeship to Andrea del Verrocchio, his teacher insisting that all his pupils learn anatomy. As an artist, he quickly became master of topographic anatomy, drawing many studies of muscles, tendons and other visible anatomical features.

Engineering

During his lifetime Leonardo was valued as an engineer. In a letter to Ludovico il Moro he claimed to be able to create all sorts of machines both for the protection of a city and for siege. When he fled to Venice in 1499 he found employment as an engineer and devised a system of moveable barricades to protect the city from attack.

Leonardo da Vinci

Leonardo di ser Piero da Vinci (pronunciation April 15, 1452 - May 2, 1519) was an Italian polymath, scientist, mathematician, engineer, inventor, anatomist, painter, sculptor, architect, botanist, musician and writer. Leonardo has often been described as the archetype of the renaissance man, a man whose unquenchable curiosity was equaled only by his powers of invention.

Paintings

Among the works created by Leonardo in the 1500s is the small portrait known as the Mona Lisa or "la Gioconda", the laughing one. The painting is famous, in particular, for the elusive smile on the woman's face,
its mysterious quality brought about perhaps by the fact that the artist has subtly shadowed the corners of the mouth and eyes so that the exact nature of the smile cannot be determined.

Journals

Leonardo's approach to science was an observational one: he tried to understand a phenomenon by describing and depicting it in utmost detail, and did not emphasize experiments or theoretical explanation. Since he lacked formal education in Latin and mathematics, contemporary scholars mostly ignored Leonardo the scientist, although he did teach himself Latin.

Scientific

Renaissance humanism saw no mutually exclusive polarities between the sciences and the arts, and Leonardo's studies in science and engineering are as impressive and innovative as his artistic work,
recorded in notebooks comprising some 13,000 pages of notes and drawings,
which fuse art and natural philosophy.

Anatomy

Leonardo's formal training in the anatomy of the human body began with his apprenticeship to Andrea del Verrocchio, his teacher insisting that all his pupils learn anatomy. As an artist, he quickly became master of topographic
anatomy, drawing many studies of muscles, tendons and other visible anatomical features.

Engineering

During his lifetime Leonardo was valued as an engineer. In a letter to Ludovico il Moro he claimed to be able to create all sorts of machines both for the protection of a city and for siege. When he fled to Venice in 1499 he found employment as
an engineer and devised a system of moveable barricades to protect the city from attack.

Ari Weinkle 平面设计师
www.ariweinkle.com

4. 视觉语言

(1) 视觉语言

传达用语言难以表达的情感时，使用图来代替语言表现的叫“视觉语言”。艺术作品大部分是作家心中所想形象用画来传递给大众，表现形式有素描、绘画、雕刻、影像、舞蹈等等，各种各样。随着媒体的发展，单独用文字来传达信息已不能完全满足信息传递的需要，客观地来传达信息也是时代的需要，视觉语言也越来越重要。

(2)Typography

Typography原本是指活字印刷术，后来发展成为按文字的形态、大小合理地排列、设计，使之达到美观的效果，即文字排版。在现代，比起为了阅读的文字，Typography作为信息传递的手段发展成了具有活字功能、意味功能、传递功能、美化功能等的技术或学问。

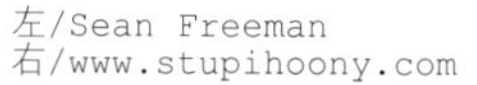
左/Sean Freeman
右/www.stupihoony.com

练习主题

运用文字的本意和形态创作插画。

练习目的

让学生理解文字的本意，同时能联想出和字义相近的形态，并且能突出字义主题根据视觉要素进行再分析创作，为以后的项目创作运用打下良好扎实的文字功底。

练习提示

首先将所选文字的字义和形态进行再分析，用视觉性的插画来表现。文字创作要具有形态和意义，要用相关联的字义图形来表现。

练习步骤

分析，拆解文字笔画的部分，配制好构图运用相似字义的“图形”“图像”设计画面。

练习数量

横210cm、竖297cm　A4大/小/中制作

建议课时　4课时

使用软件　Adobe Illustrator

Tips

利用文字的图像按照文字的字义找出相似形态，以及过去的经验，表现力度不同而感觉也会不同。假如构想出以文字引起的一段故事，然后想成把这个故事画在画面中，会比较容易制作。也可以将文字一部分的偏旁部首留在画面中，会使观者更容易理解你要表达的意思。

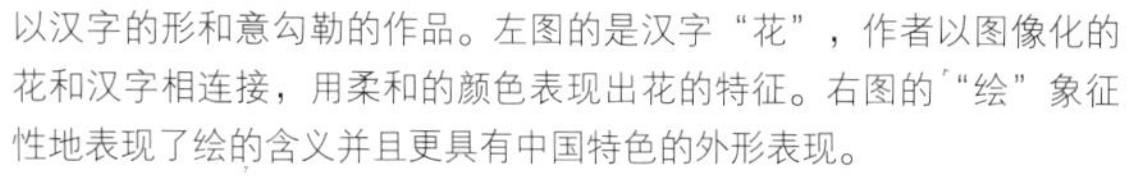
以汉字的形和意勾勒的作品。左图的是汉字“花”，作者以图像化的花和汉字相连接，用柔和的颜色表现出花的特征。右图的“绘”象征性地表现了绘的含义并且更具有中国特色的外形表现。

左图是表现汉字“乐”的一个作品，以一个小孩的笑容来表现快乐。右图的汉字是“逝”，是以回想去世的先祖来制作的作品，还运用了中国传统绘画技巧。

Siggi Eggertsson 设计师/插画师
擅长几何拼合插画设计

5.文的相互作用

(1) 文字的相互作用

在众多领域都有试图灵活运用文字的形态、意味、象征、故事等造型要素。如灵活使用文字的海报、运用于AI的Typograph、网络上的网页广告、电影中的动画、广播或游戏的标题动画等。文的相互作用是融合文字的形态、意味、象征和色彩、语言、声音、文化要素的表现，以后可作为媒体时代的造型要素灵活使用。

(2) 视觉语言和提示音

看到文字可以联想到相关的形象。看到苹果单词时不仅联想到苹果的外形也会联想到跟苹果相关的抽象形象，如苹果电脑的商标或跟苹果相关的回忆。这种图像的视觉化叫视觉语言，听觉化的叫提示音。目前提示音在部分企业广告中有使用，并且其影响会不断扩大。为了今后的发展所以有必要来研究现有的手机的彩铃、网页上的错误提示音等信息传达过程中的提示音。

左/Anna Ursyn
中/Marte Newcombe
右/Nickpapagorgia

练习主题

文的相互作用——语言的视觉和听觉。

练习目的

学生要学习找出以文字为主体的“视觉要素”和配制声音的“听觉要素”以及如何将两者融合，创造出更有趣味性的按键造型。

练习提示

在制作的文字视觉化(Icon)符号基础上制作听觉的提示音。尽量使用单纯音，音响、乐器、物体音等都可以使用，一旦定下来之后制作其他12个音也要与此保持统一。

练习步骤

找出并使用2秒以内的单纯音。要注意，不是音乐而是音。（例如敲门声、汽车鸣笛声等等）

练习数量

12个按钮音的制作

建议课时　4课时

使用软件　Sound Edit, Flash

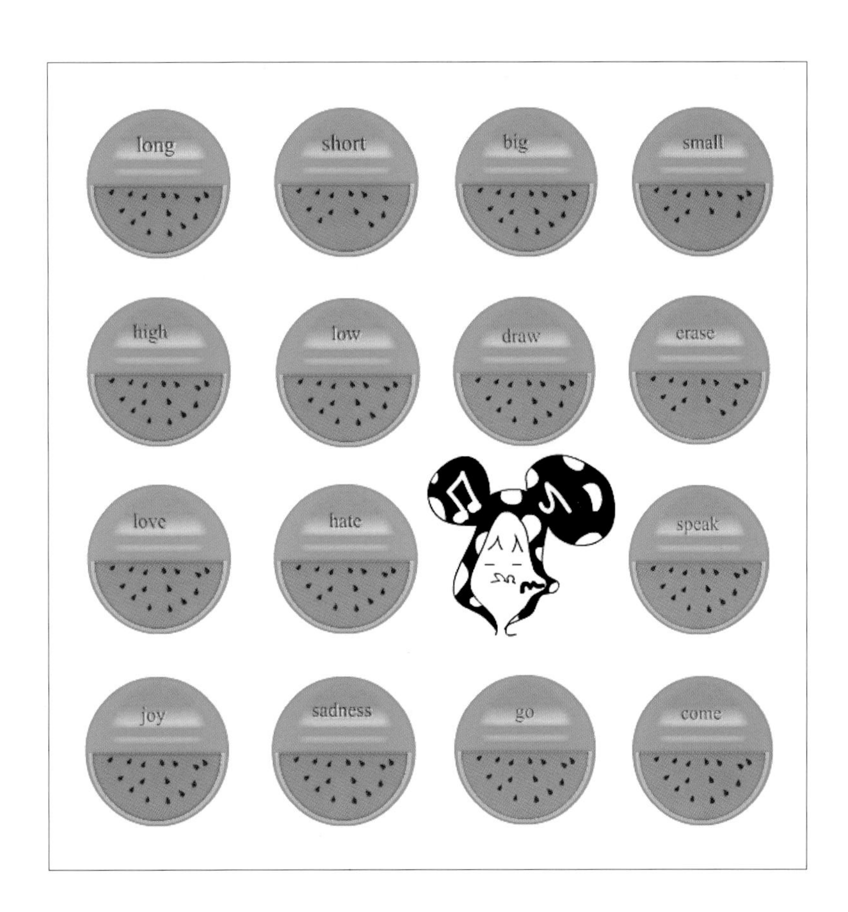

Tips

“视觉提示”和“音提示”同时介入不是一个简单的事情，这是因为我们对此还不熟悉。根据本人制作的视觉提示为动机，制作出能联想这个形态的音，并不是很难的事。其表现要短，不需要加以说明部分。

108
形
动
色
文
音

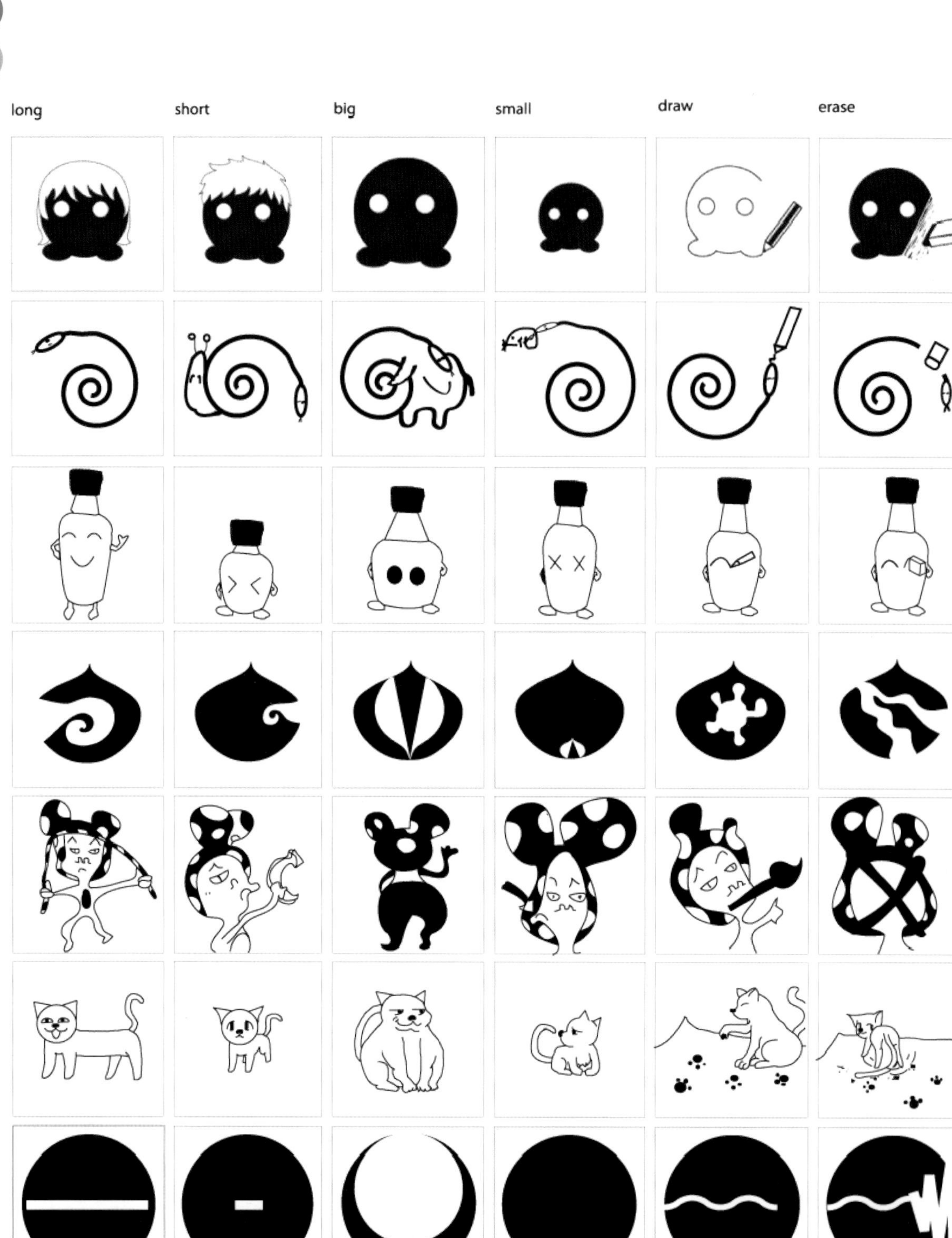
long
short
big
small
draw
erase

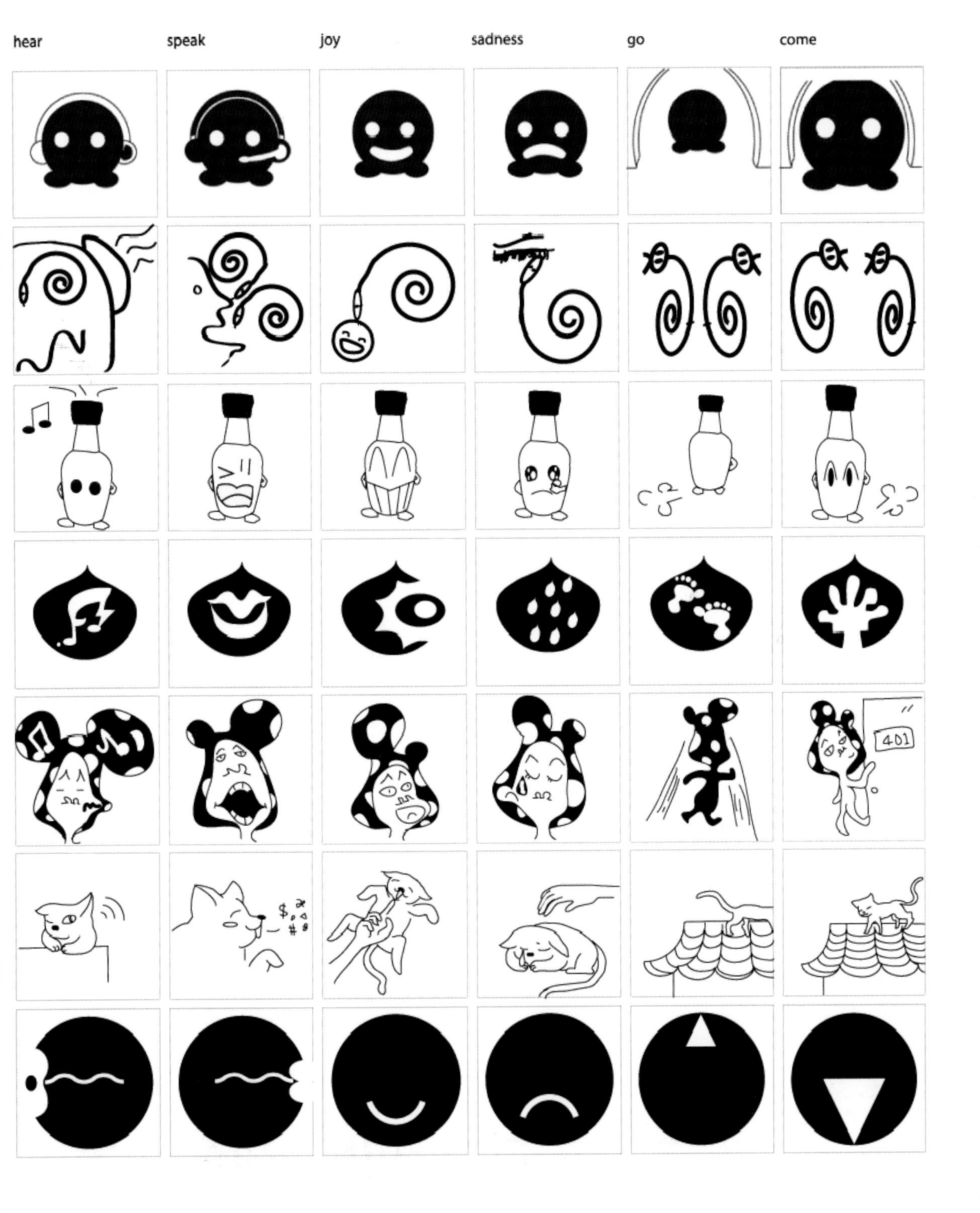
hear
speak
joy
sadness
go
come
401

第五章

1. 音和音乐
2. 音的要素——节奏、旋律、和声、音色
3. 音的知觉
4. 图形乐谱
5. 音和动的造型
6. 音的相互作用

达·芬奇 Leonard Davinchi
Self-portrait/1512
Redchalk on Paper

1.音和音乐

通过听觉感知到的所有的声音叫音。人的感情或想法口头表达出来的声音、水或风之类的自然声音、通过乐器演奏的声音、物体运动发出的声音、通过电子程序再现的声音等都是音。随着多媒体的进步，音的作用变得多样，在视觉图片中运用音的尝试也越来越多。如今，各国的移动公司提供很多跟音相关的服务，这也是因为音的重要性越发重要。

音的排列是感动人的艺术，即表现人的思想或感觉的时间艺术叫做音乐。不是所有的音都可以称为音乐，通过人的明确意图和排序，形成有组织的连贯的现象叫音乐。音乐有西方的古典音乐、东方的传统音乐、现代音乐、电子音乐、电脑音乐等，呈现多样化的音乐形式。

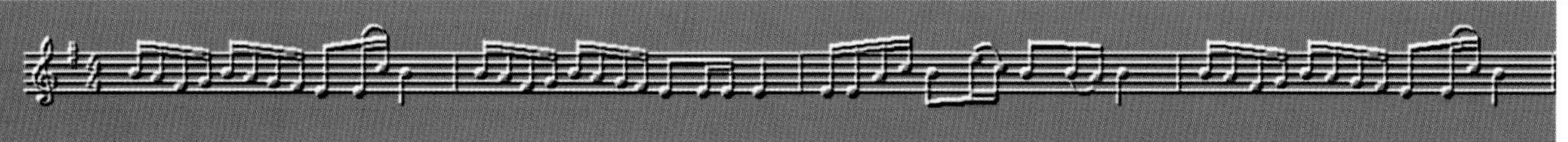

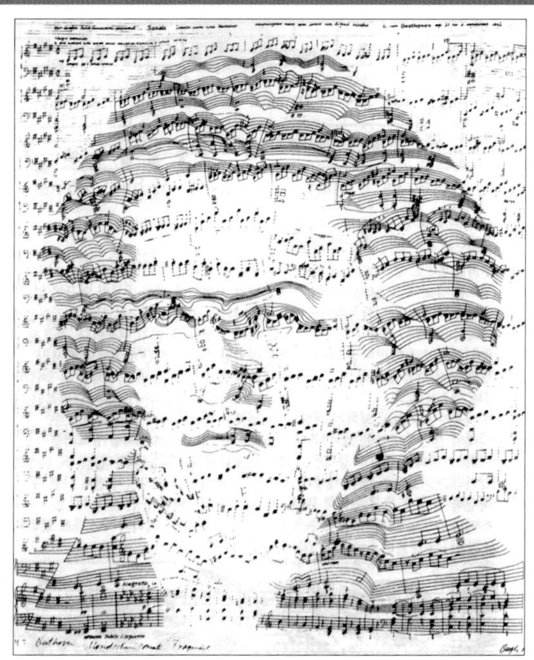

2. 音的要素——节奏、旋律、和声、音色

(1) 节奏(Rhythm)

音，音的长短，有秩序的水平运动叫做节奏。在时间和空间内有秩序地协调拍子、速度、重音、结构四个要素称为节奏感。

(2) 旋律(Melody)

长短、高低、强弱不同的一串音乐按照一定的规律，即美化性、时间性、空间性的连续排列叫旋律。如果说节奏是水平进行，那么旋律就是跳跃进行、依次进行。

(3) 和声(Harmony)

两个以上不同的音同时发声而构成的组合，即音的谐调也叫和声。

(4) 音色 (Tonic Color)

音中有弦乐器、管乐器、打击乐器等乐器发出的固有音色，也有按照音域不同而区分的音色，这些音色的组合就是管弦乐。这如同形态和色彩结合成绘画作品一样，音乐也由音色结合成和音。

右/Carlo Zoratti

练习主题

音的要素——音的发现。

练习目的

学生要在日常生活中练习、观察和寻找音的要素，从而掌握如何把音转化为造型要素的可能性。

练习提示

选择你认为的物体音，把声音和影像同时拍摄，再连接影像制作完成2分钟以内的影像。拍摄下来的影像按照一定的意图设定顺序，从而连接成一个剧情。

练习步骤

先以声音为中心，凸显影像来制作，一定要给观者明确传达你的制作意图。

练习数量

制作2分钟内声音的影像。

建议课时 4课时

使用软件 Sound Edit

Tips

日常生活中有无数个物体音，但我们不会去注意。例如，灯的开关声，女性的高跟鞋声等。但练习过程中不是要拍摄很多种声音，而是要拍摄同种类型素材的声音。例如脚步声，穿高跟鞋、运动鞋、拖鞋等，根据穿鞋人的性格不同所发出的脚步声都会不同。所以要用同种素材拍摄多种影像来连接制作。

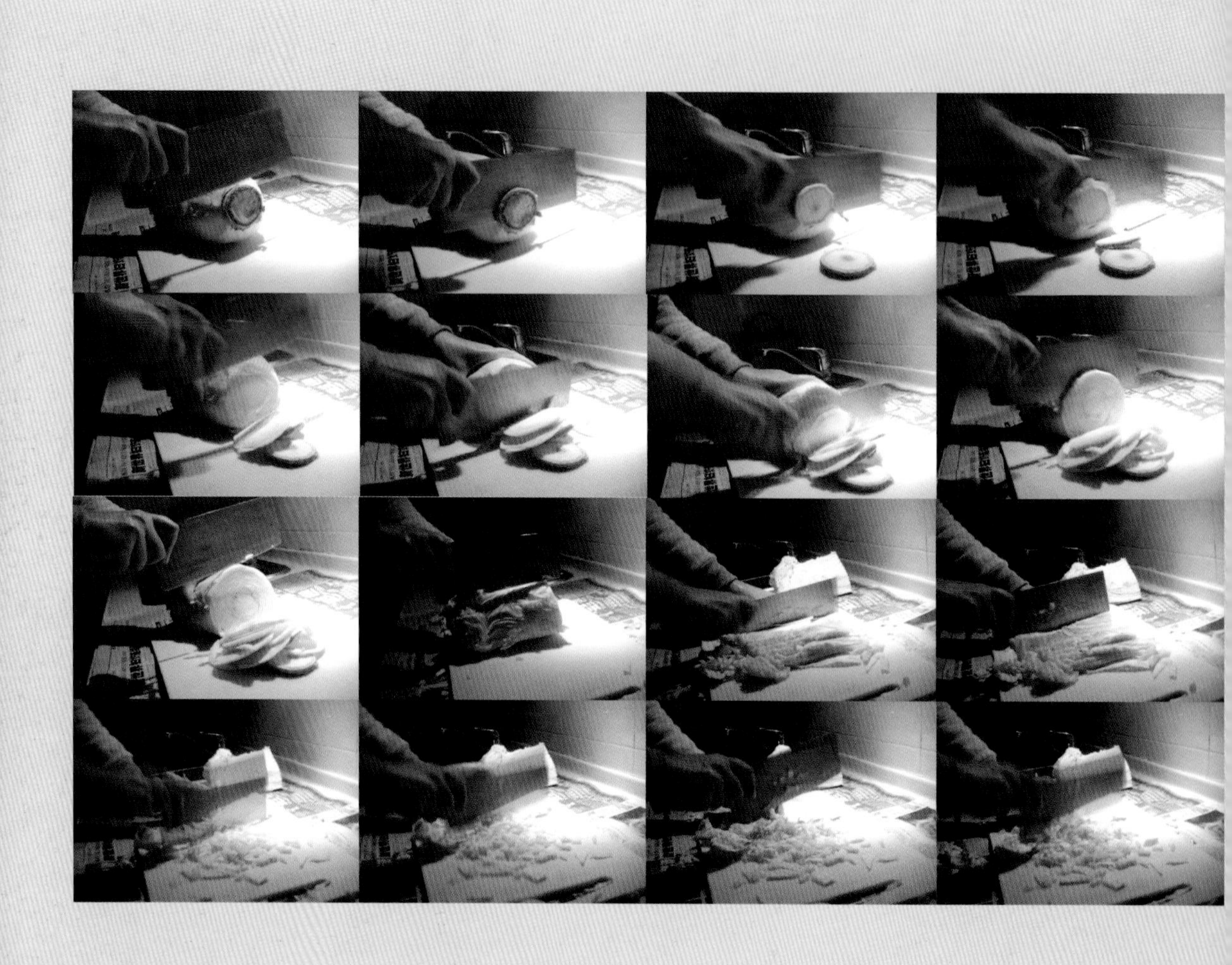

这个作品的主题是“切”。这是日常生活中，从厨房传来的以声音为题材的作品，这是表现随着切白菜和西红柿的多维的声音为素材的作品。

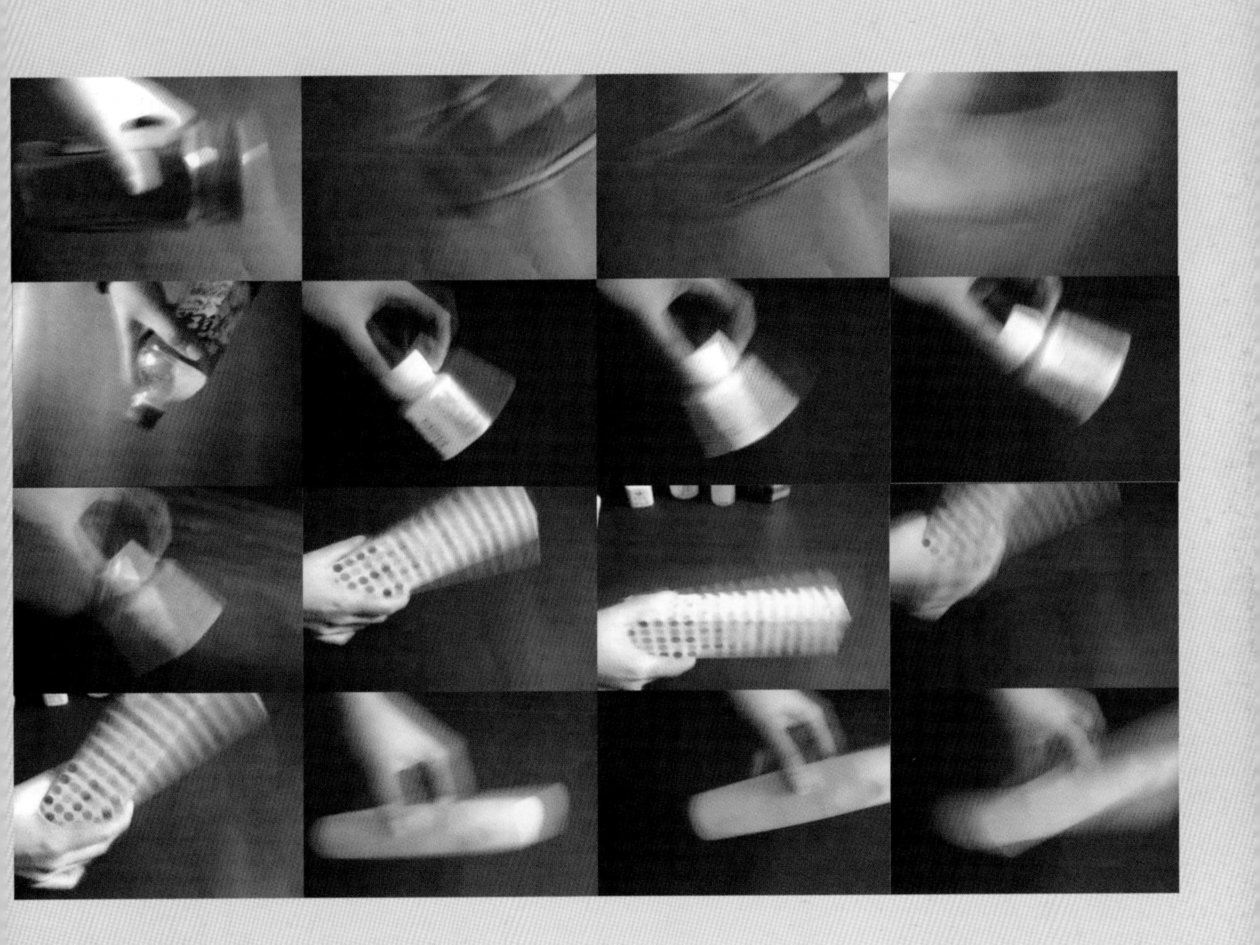

这个作品的主题是“晃”。是表现在容器里传来的各种声音和影像，可以发现容器的材质和里面的东西随着节奏发出各种不同的声音。

3.音的知觉

(1) 音的知觉

音的知觉是通过听觉听到的声音的视觉表现。比如听了某种音乐所能感觉的视觉的图片，这种感觉是按照听者的经验来知觉的。音中有纯音、乐音、物体音、提示音、基本的单纯声音和收音机的报时音都属于纯音；物体规则的周期震动发出的音叫“乐音”；不规则的震动以及复杂的音，物体碰撞出来的音或敲打发出的音叫“物体音”；为了传递特定的信息给特定目标所制作的音叫“提示音”；作为企业形象要素而制作的音或网页按钮音，手机使用中个人设定的音都属于提示音。

(2) 音的性质

音的性质中有音的高低，强弱，拍子，音色。音的高低决定于震动频率，震动频率越高，音也就越高。音的强弱决定于震动幅度，震幅越宽音越强，反之越弱。音的拍子则决定于震动时间的长短。乐器或者发音的方法不同音色就不同，即使是同一高度的音也会有不同的声音。

左/Terry Riley
中/www.zimoun.ch
右/www.memomamo.com

练习主题

音的视觉化。

练习目的

学生首先要听声音，然后随手绘制出简单的视觉化（听到这个声音感受到）的图形，从而练习如何将看到的“视觉形象”和听到的“听觉形象”统一起来。这对于日后编辑电影和动画，游戏专业的学生是尤其重要的一个训练创造力的环节。具体操作会在《多媒体设计应用》一书中作说明讲解。

练习提示

先听好给定的12个音，然后把各个音的形象用点、线、面的简单绘画方法表现出来。

练习步骤

声音的形象不需要用具体的实物形态来表现。

练习数量

横210cm、竖297cm

在A4纸上表现12个音的造型。

建议课时 4课时

使用软件 Adobe Illustrator

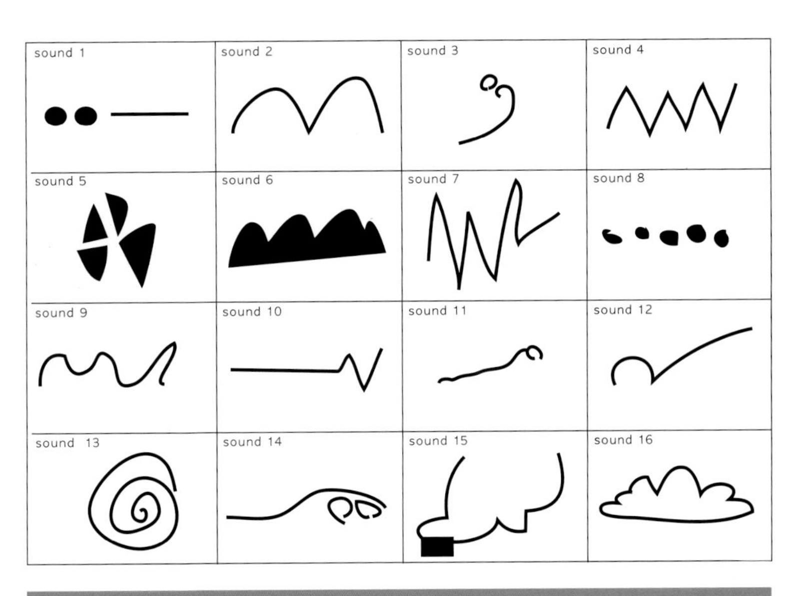

Tips

即使是同样的音，由于听的人不同而会产生不同效果，也因个人的造型意识会有不同的表现。这是表现瞬间形成的图形，即从音中所感受到的用单纯的点、线、面来表现。无意识中表现出来的单纯的形为素材进行视觉化制作，比起凭空制作效率会高得多。

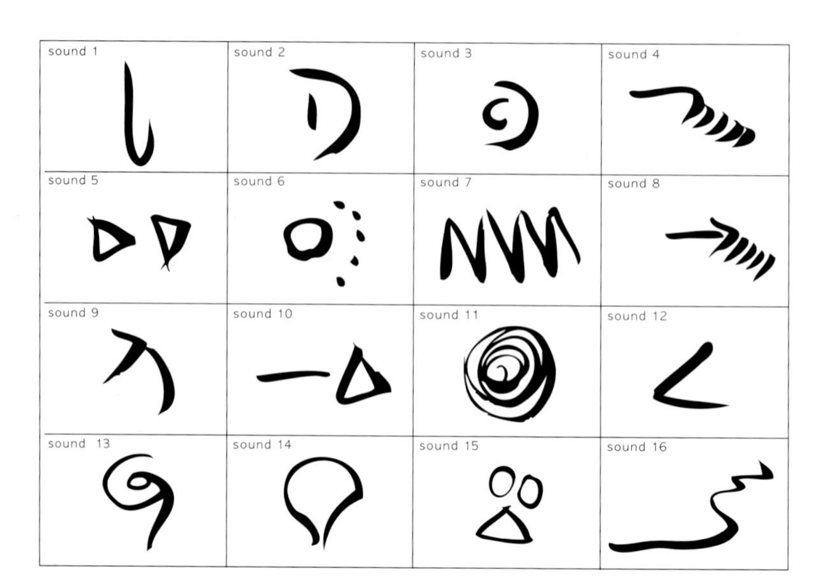

以上这16种声音，因听的人不同而会表现出不同的形，音和图像多维性地表现在画面上，因为是即兴创作的，所以可以练习个人对造型趋向的掌握程度和如何运用素材在作品上表现。

sound 1	sound 2	sound 3	sound 4
sound 5	sound 6	sound 7	sound 8
sound 9	sound 10	sound 11	sound 12
sound 13	sound 14	sound 15	sound 16

即使是类似的发展趋向，但是在成为作品构思中的过程不同，最后呈现的作品也各不相同。造型是个人感性要素的体现，通过这样的训练，感觉也会有所升华。

4. 图形乐谱

(1) 乐谱

乐谱是按照音乐的记号、文字、数字等记谱法，以记录、演奏、保存、传授为目的，把时间和空间形态视觉化。乐谱的功能有演奏方法和指南、理解曲的结构、曲的传授、曲的保存、曲的专利保护等，也是理解作曲家、演奏家、听众之间音乐的媒介，乐谱起到重要作用。但即便是完整的乐谱也很难把所有的要素正确地表示，现在的代表性乐谱是17世纪以后使用的五线谱，广泛适用于世界各地。

(2) 偶然性的音乐（不确定性音乐）

现代音乐的代表作曲家约翰·凯奇(John Cage)认为，偶然是自然的根本原理，我们生活中所有的声音都可以成为音乐素材，提倡把偶然性和不确切性作为作曲技法来使用。他指出西方音乐正在遗忘人类起初的声音历史。偶然性的音乐是指重视音的结构和构成，打破西方音乐的传统性，作曲过程的偶然性，不明确的乐谱，偶发性音的插入以听众，作曲家，演奏家在偶然的状况中产生的音乐。

(3) 图形乐谱

偶然性的音乐里不使用五线谱，而是使用以各种视觉记号记录的图像乐谱。图形乐谱的出现成为了变化乐谱的契机，视觉记号中的图形是作曲家刺激自己灵感的音乐图像，同时也作为一种表达手段，具有重大意义。广为人知的澳大利亚图形乐谱家Anestis Logothetis(1921-1994)提出，图形乐谱是创造性的，是为了刺激和诱发即兴音乐的。

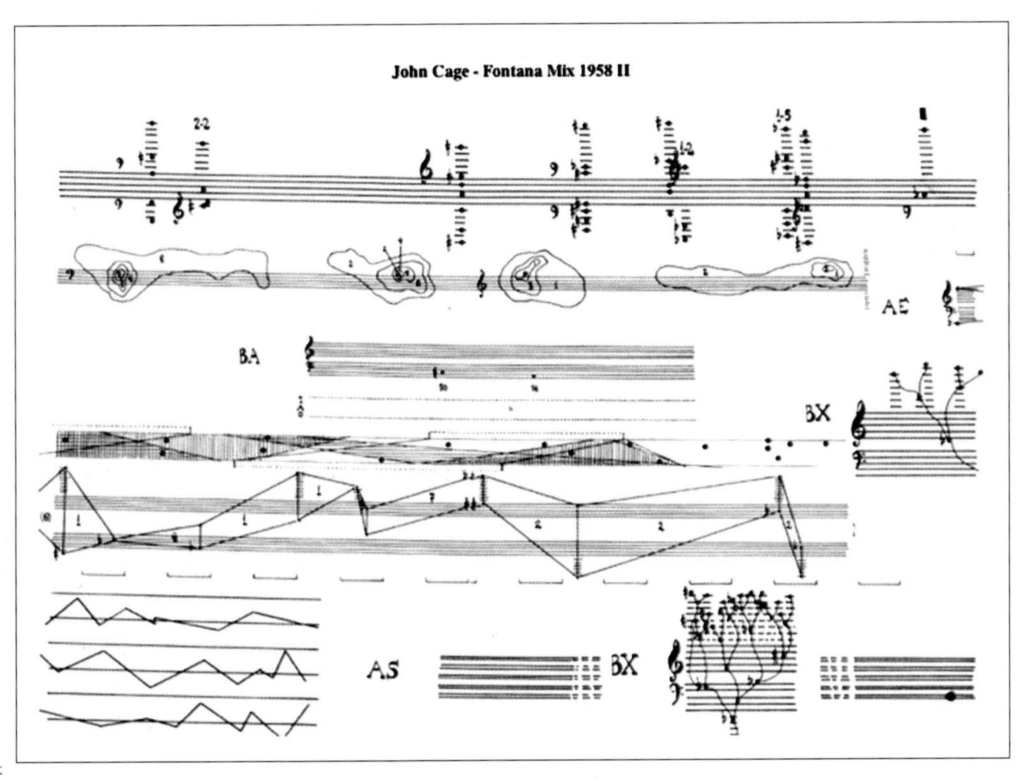

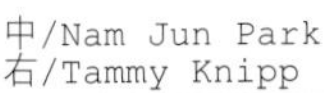
中/Nam Jun Park
右/Tammy Knipp

练习主题

乐谱的图形表现制作。

练习目的

让学生制作出不同于传统的乐谱和电脑乐谱，练习自己如何从音乐中听到的转化成视觉形象，也是让学生尝试研究如何用视觉的图形记住音的方法。

练习提示

按照给定的音乐乐谱，制作能替代此音乐的视觉图形。具体表现时，要给观者提示看着视觉图形如何记录音乐的一种方法论。

练习步骤

方法论的提示即使是抽象的也可以，设定能说明的假设后再制作。

练习数量

横210cm、竖297cm A4纸上表现图形乐谱

建议课时 4课时

使用软件 Adobe Illustrator

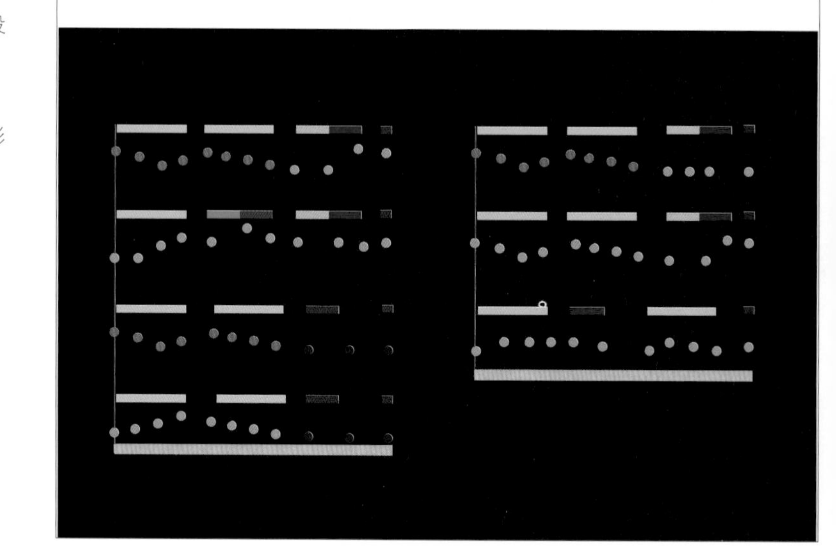

Tips

乐谱尽量选择一些单纯的乐谱或是大部分人都很熟悉的歌，曲中所带给人的感受用图形来表现也是一种方法。要画出听了曲子可以感受图形，看了图形可以知道曲子的画，需要作者本人有能充分解说图形的逻辑说明。乐谱好比正确的数值，加上你的图形表现力再创作后这个图形乐谱就是这个世界上独一无二的了。

利用现有乐谱中“音”的高低，将乐谱进行图形化设计，把相同的节奏归为一种颜色来表现，相同节奏的反复性表现得很好。

5. 音和动的造型

(1) 音和动的关系

电影中的动和音相辅相承，就类型来说，有登场时人物的对话和音乐声，动作粉碎的场面和物体音，诱导观众的抽象场面和音乐，说明情况的画面和音乐，大自然的画面和大自然的声音等等。这些音和动的关系按照具体的情况表现为“同一关系”、“共同关系”、“无关系”。比如，登场人物的对话场面是同一关系，按照动作粉碎的场面是共同关系，诱导观众想象的画面是无关系。

(2) 音和动的造型

音和动的造型基本是把自然风景如实地摄影同时记录声音。比如海边固定摄像机所拍摄的影像里有海浪的声音。这个虽然是非常简单的影像，但是观看的人不同得到的感受也不同。在同样的影像里面插入的音乐不同，从中所感受到的情感也不同。音和动的造型通过相互作用把彼此的优势极大化。

左/中/右 图片来源自：www.United-Sound-Objects.ch/sound Installations

练习主题

音和影像的再构成。

练习目的

学生通过用心地体验观察日常生活中最普通的环境画面和环境声音，学习和发现并理解音和影像的关系，找出影像数据和画面的共同点后再构成，懂得视觉和听觉的相互作用。日后在电影，动画，漫画，游戏的剪辑和脚本的编排制作中更加能体现自己创作的独到见解，从而使自己的作品更贴近生活，更具内涵，值得推敲，而不是空穴来风。

练习提示

使用自然生活中的“动”制作的10秒影像作品数据，选择适合自己音的影像（部分）再编辑。

练习步骤

10秒作品要全部使用，且要分析各作品的内容，将符合自己作品的声音进行再构成，注意影像的选择和前、后部分连接。

练习数量

制作声音和视频1篇

建议课时 4课时

使用软件 Sound Edit

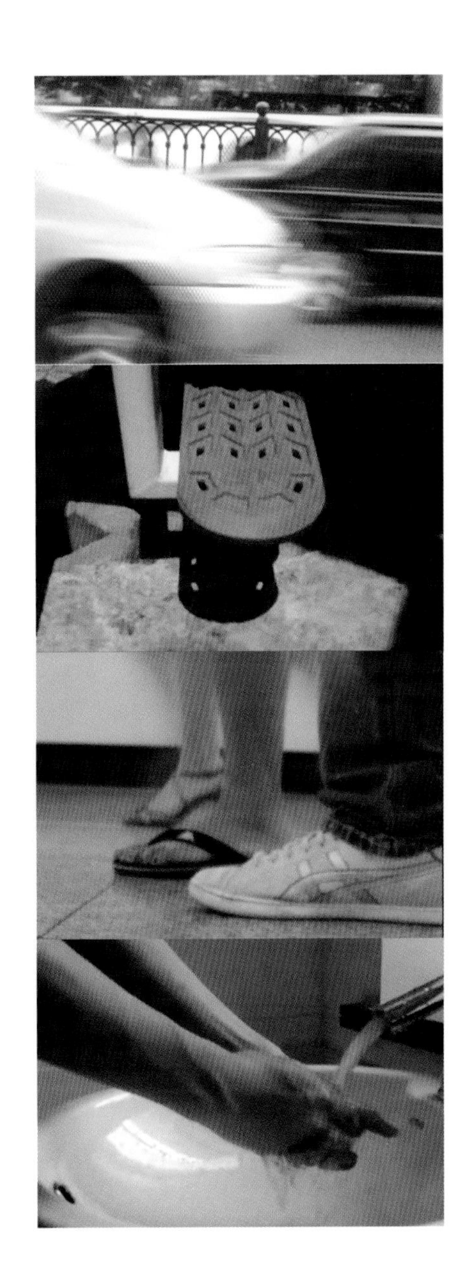

Tips

分析选择影像作品后要说明“主题”。因为要使用影像中的素材制作自己的影像作品，所以务必要提早分析好制定影像里面的素材。设定主题后要想好提取哪个部分，删减哪个部分，还要决定前后如何链接。尽可能不要出现尴尬的断接，相反，先选音乐再按照音乐配上影像也是可以的。

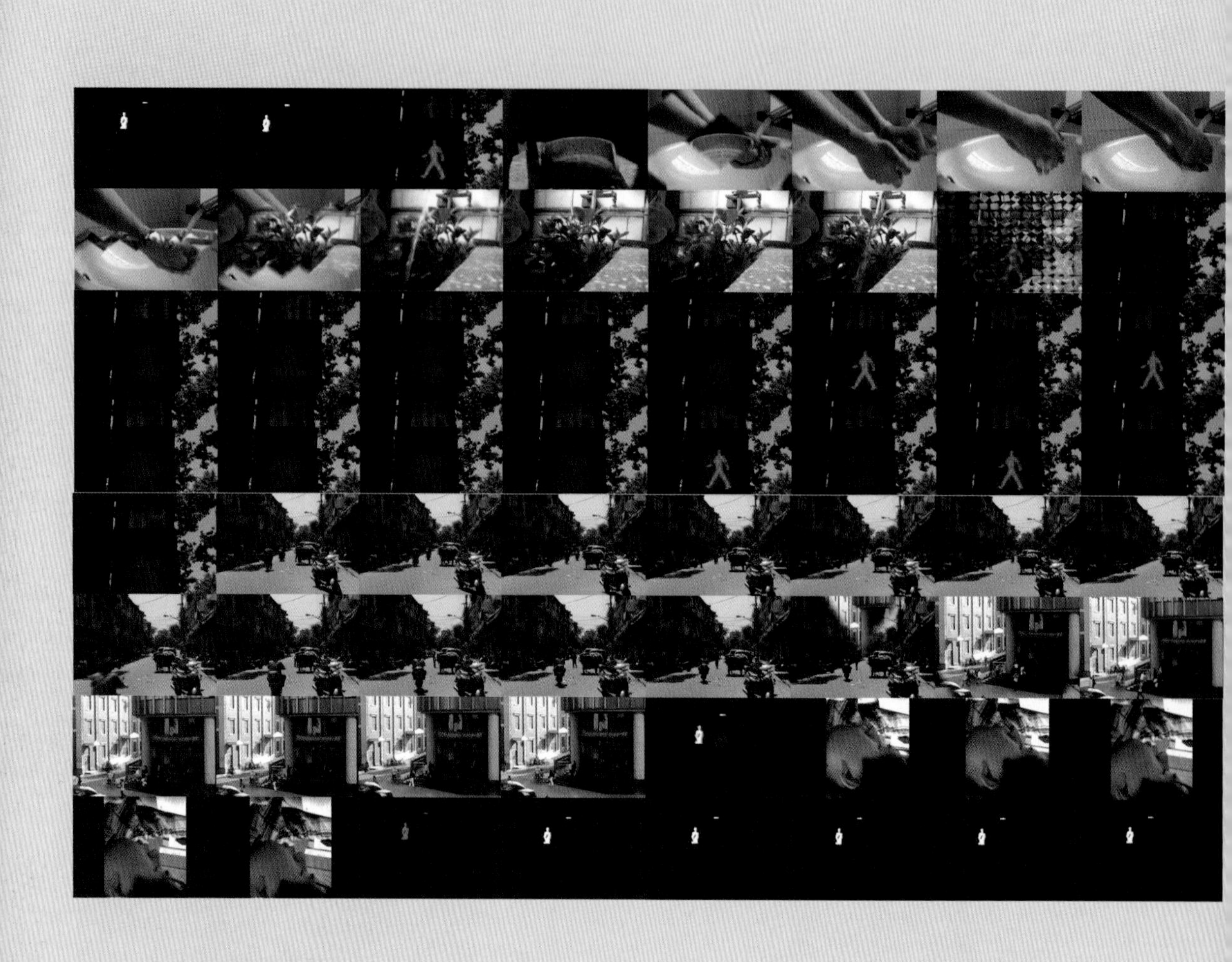

这是表现“动”的过程中制作的7个影像按照自己的喜好去选择音乐然后重新再编辑的作品。通过这个作品理解音乐和影像之间的关系，理解因音乐不同会看出不同感觉的影像。还有，可以把他人的作品按照自己的想法再编制，可以实践数据化大家共享的作品。

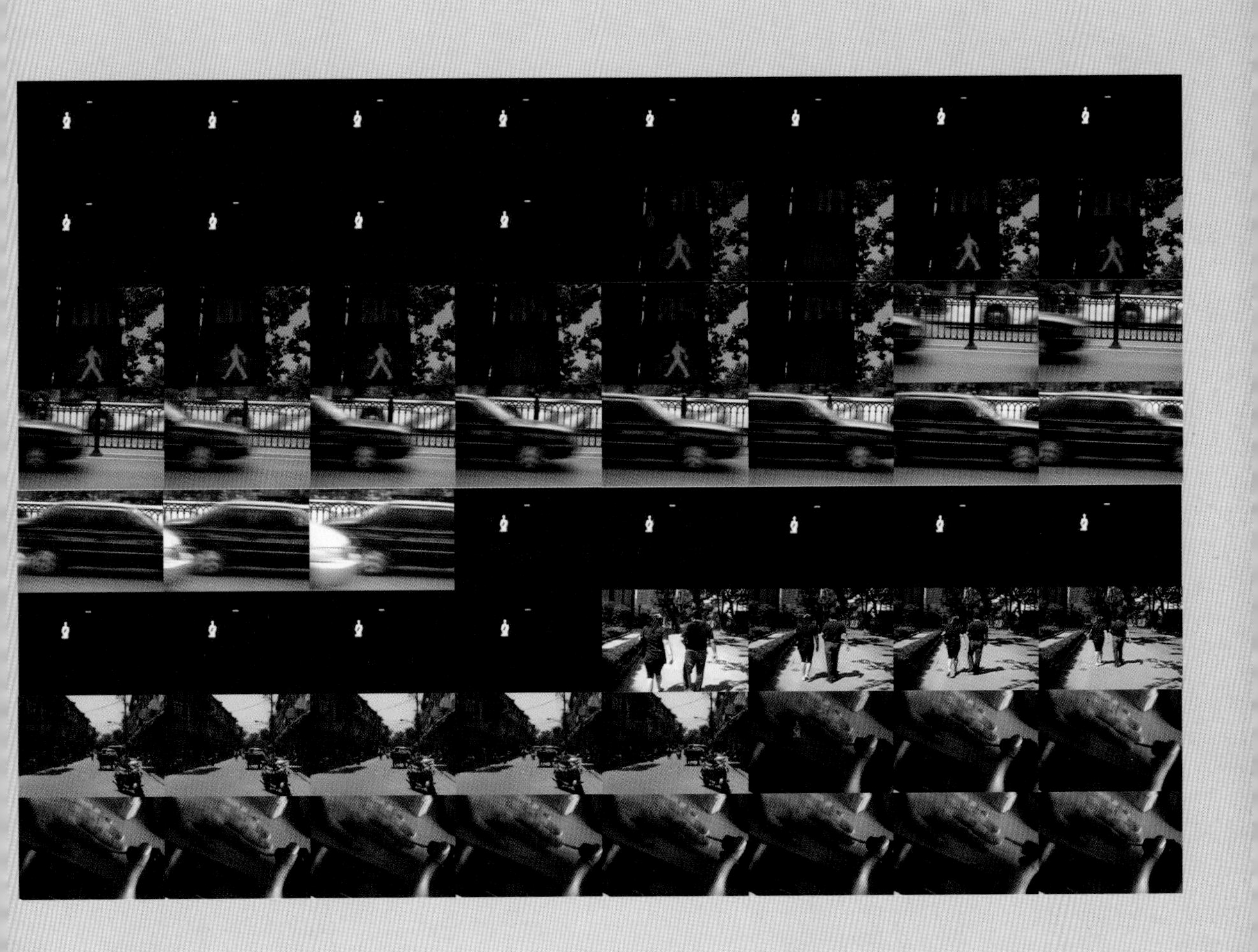

用7个同种的影像，通过音乐来表现快慢的作品。左图的影像和右图的影像看起来相似，但会由于音乐的影响觉得是完全不同的影像。

6. 音的相互作用

（1）音的相互作用

多媒体设计是通过形、动、色、文、音五种要素相互作用来有效传达信息的媒体设计。脱离原先只注重视觉要素的设计教育领域，不仅需要与互联网及新媒体发展相应的基础教育，更需要以新的思考作为基础的教育。在相互作用的信息传达波及到所有媒体，当新的媒体即将登场时，多媒体设计的重要性日趋增加。从历史角度看，文化的发展引领艺术，艺术促进科学技术发展，科学技术产生出新的文化。

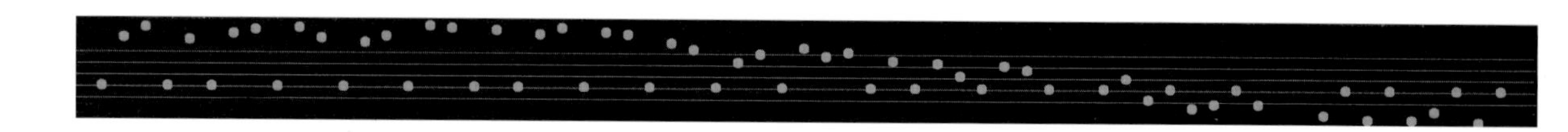

（2）自然和人的相互作用

东方人在悠久的历史长河中崇拜自然，通过观察大自然不断的学习和思考来解决人类面临的种种难题。如今在信息资源高速膨胀的时代中，需要筛选出人类需要的信息，为了探索有用的信息，并且掌握它，我们要研究如何传递这些信息。为了寻找新的信息搜索和造福人类的信息传达的方法，我们更需要确认具有东方风格为始点的研究，重新来定义自然和人类的相互作用。

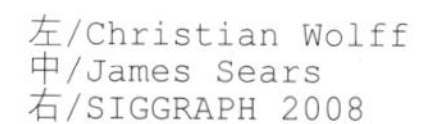

左/Christian Wolff
中/James Sears
右/SIGGRAPH 2008

练习主题

音的相互作用——形、动、色、文、音的相互作用。

练习目的

训练学生的整体造型感及设计应变能力，通过对形、动、色、文、音相互融合体验相互作用的感受，懂得一个多媒体作品从创作的开始到制作完成所形成的完美过程。

练习提示

运用文字的“字义”和“形态”制作的插画中插入“动作”和“声音”制作成动画。动画只要单纯的表现作品的制作过程即可，声音可以使用先前自己制作的单纯的“音”。

练习步骤

首先动画部分要按照作品最初自己起草制作的简单“脚本”，草案也可，将制作过程依次表现，声音要使用自己制作的单纯的音。

练习数量 一篇动画

建议课时 4课时

使用软件 Sound Edit , Flash

Tips

使用指定的文字图像，简单构思一下你想创作的主题脚本，然后制作5种造型要素。在形、动、色、文、音相互作用下，在白纸中用简单的手法渐渐完成制作过程。使用Flash Animation的基本功能制作即可，重要的是如何制作音部分。选择什么样的音，可以应对主题，这会对制作方法产生影响。

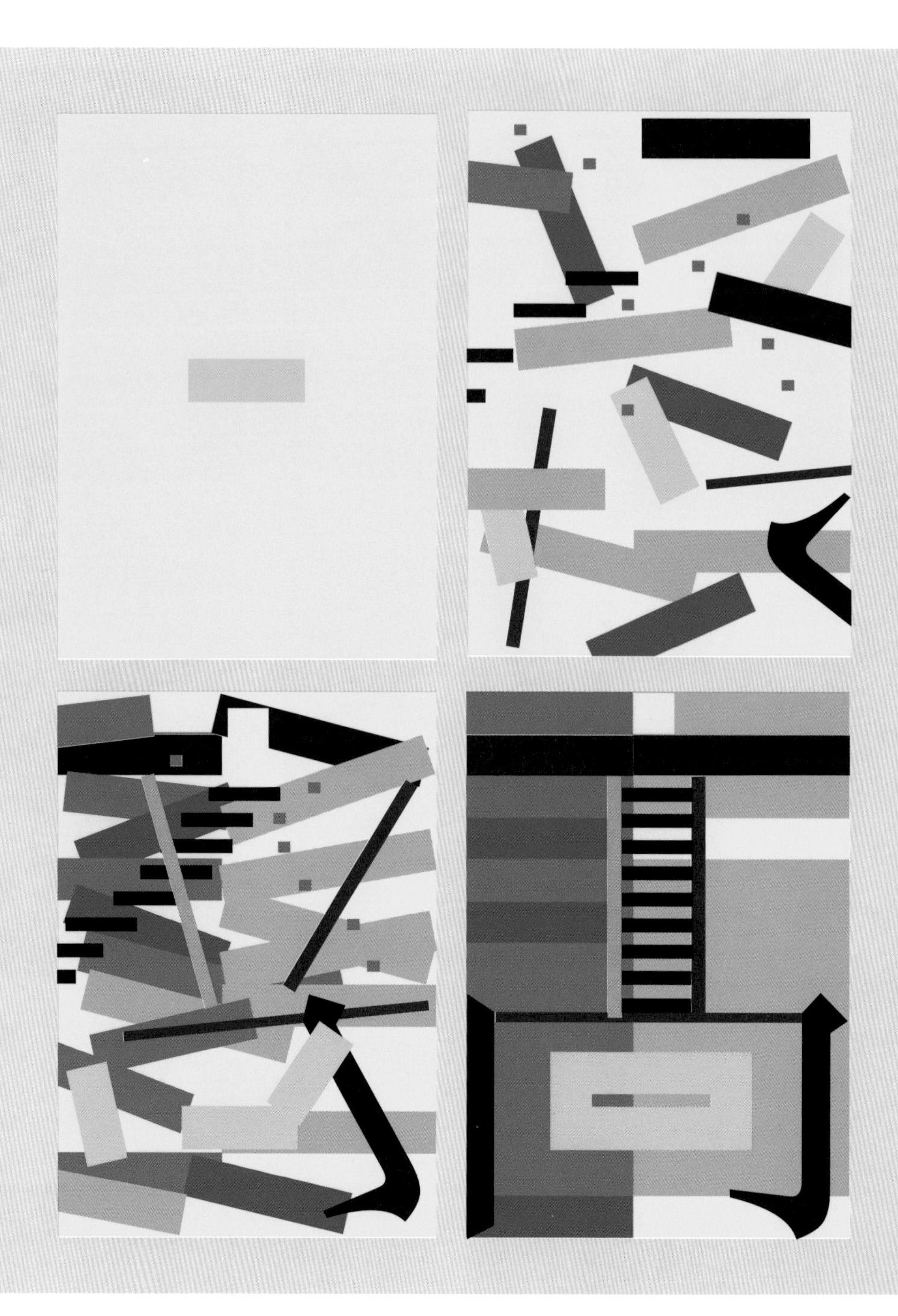

以汉字“高”为图像的动画通过形、动、色、文、音等相互作用制作的作品。运用5个要素融合得比较不错的作品，把各个背景的要素很好地在动画上体现了。

这是以汉字“于”为主题的动画作品。把事物生长的过程制作成动画，表现万物的生成和结实。

《多媒体设计基础》课程／课时安排

章节	课程内容	课时	
第一章 形	1．形和形态	8	24
	2．形的要素——点、线、面、质感		
	3．形的知觉	4	
	4．潜在意识的形	4	
	5．数式的形	4	
	6．自然的形		
	7．形的相互作用	4	
第二章 动	1．动和动态	4	16
	2．动的要素——形象、时间、空间、剧情		
	3．动的知觉	4	
	4．虚拟的动	4	
	5．物理现象的动		
	6．动的相互作用	4	
第三章 色	1．色和色彩	4	24
	2．色的要素——无色彩、色相、明度、纯度		
	3．色的知觉	4	
	4．色的混色	4	
	5．色的配色	4	
	6．色的相互作用	4	
	7． 数字(Digital)表色系	4	
第四章 文	1．文和文字	4	16
	2．文的要素——声音记号、形文、象征		
	3．文的知觉	4	
	4．视觉语言	4	
	5．文的相互作用	4	
第五章 音	1．音和音乐	4	24
	2．音的要素——节奏、旋律、和声、音色		
	3．音的知觉	4	
	4．图形乐谱	4	
	5．音和动的造型	4	
	6．音的相互作用	8	

后记

在30年的教育生涯里写过多次论文，但是每次在最后完稿时都没有能像今天这般有无法言喻的喜悦感，想必是因为她如新生婴儿般太过可爱吧。

30年在教学课堂，因一个新领域新学问的初始，同时又肩负了服务于国家和大学的责任一直忙碌着，未能静心地专门研究自己的学问，这本书的完成也成就了我内心深处的反省契机。

但是，就在担任ASIA GRAPH会长，韩国计算机图像协会会长，韩国设计协会副会长，韩国计算机协会副会长时所悟出的，“实现科学技术与文化艺术融合”思想和12年来亲身体验中国原始的东方文化原型所学会的一切，才帮助今天的我提出了形、动、色、文、音的这样一个主体思想。

东方的文化、哲学、思想是属于精神境界的，所以我在写这本书的时候一直在苦恼：传统含蓄的历史潮流如何与现代多媒体设计教育相结合。在现场观察和学习中国的文化原型中的建筑、文字、书法、绘画、雕刻、工艺、佛教文化等过程中，我用了大量的时间去考虑如何编制和开发文化内容的教育课程，思考着如何引导出那些隐藏在民间生活中文化要素的造型教育，用何种方法开发当今网络时代我们的学生潜在的智慧能力，或是如何让他们将这种独特的东方文化继承下去等等。

本书还有许多不足和些许的遗憾，但本书可作为单纯提示教育方向的契机来看。衷心希望以后在这个领域能有更多的研究学者踊跃研究，共同树立东方式的新的造型教育。

金钟琪　王斗斗

致谢

首先感谢上海人民美术出版社李新社长以及姚宏翔责编、赵春园女士对多媒体这样一个新专业教材的鼎力支持，因为他们，此书才得以顺利出版。

更要感谢中国上海工程技术大学汪弘校长，数字媒体艺术学院任丽翰院长，王如仪教授，给我在中国任教期间的大力支持和关心。还有对中国上海音乐学院多媒体专业的教授和同学们的感谢，是你们的好学努力和优异的毕业成绩给了我编写此书的信心！

感谢你们！我在中国授课的这段时间里，是你们让我感受并经历了中国这十年的伟大变革，让我更感到欣慰和感谢的是中国的教师具有一种韧劲，能打动人的一种力量。当社会还处在嘈杂声一片、谈论网络的普及技术是否跟得上时代的问题时，我所见到的中国当代这些年轻的大学生们，他们的见解大多是肯定地认为人的思想、判断、智慧、沉思以及感受与“技术”无关，至少这年轻的一代懂得：古人的语言没有因为刻在了兽骨上，莎士比亚的戏剧没有因为是使用了鹅毛笔，就说他们落后，他们并没有拒绝传统，他们的作品恰恰更多借鉴和运用了中国传统文化的多种元素。他们今天的成绩更使我信心百倍地看到中国有着潜力无限的未来。

捕捉那些稍纵即逝的印象和秉持育人的观点并传授予人学问是很困难的事，而真正能做到这一切的正是这些默默无闻地付出不间断的耐心和宝贵时间的老师们！谢谢你们！

金钟琪　王斗斗

图书在版编目(CIP)数据
多媒体设计基础/「韩」金钟琪，王斗斗编著.- 上海：上海人民美术出版社，2010.01
(中国高等院校多媒体设计专业系列教材)
ISBN 978-7-5322-6453-7

I. 多… II.①金…②王… III. 多媒体技术 IV. TP37

中国版本图书馆CIP数据核字(2009）第134342号

中国高等院校多媒体设计专业系列教材
多媒体设计基础

总 策 划：李 新
著 者：「韩」金钟琪 王斗斗
责任编辑：姚宏翔
统 筹：赵春园
装帧设计：金钟琪
技术编辑：季 卫
出版发行：上海人民美术出版社
(地址：上海长乐路672弄33号 邮编：200040)
印 刷：上海丽佳制版印刷有限公司
开 本：787×1092 1/16 8.5印张
版 次：2010年01月第1版
印 次：2010年01月第1次
书 号：ISBN 978-7-5322-6453-7
定 价：38.00元